# 生命中最美好的事都是免费的

真正的幸福，不是惊天动地、大张旗鼓，而是与这世界温暖相拥，安享生命中的各种小美好。

端木自在◎著

江西美术出版社
JIANGXI FINE ARTS PUBLISHING HOUSE

**图书在版编目（CIP）数据**

生命中最美好的事都是免费的 / 端木自在著 . —— 南昌：江西美术出版社，2017.5

ISBN 978-7-5480-3774-3

Ⅰ . ①生… Ⅱ . ①端… Ⅲ . ①成功心理 – 通俗读物 Ⅳ . ① B848.4-49

中国版本图书馆 CIP 数据核字（2017）第 033413 号

出 品 人：汤 华
企　　划：江西美术出版社北京分社（北京江美长风文化传播有限公司）
策　　划：北京兴盛乐书刊发行有限责任公司
责任编辑：王国栋　朱鲁巍　宗丽珍　康紫苏　刘霄汉
版式设计：刘　艳
责任印制：谭　勋

**生命中最美好的事都是免费的**

**作　　者：端木自在**

出　　版：江西美术出版社
社　　址：南昌市子安路 66 号江美大厦
网　　址：http：//www.jxfinearts.com
电子信箱：jxms@jxfinearts.com
电　　话：010-82293750　　0791-86566124
邮　　编：330025
经　　销：全国新华书店
印　　刷：保定市西城胶印有限公司
版　　次：2017 年 5 月第 1 版
印　　次：2017 年 5 月第 1 次印刷
开　　本：880mm×1280mm　1/32
印　　张：7
I S B N：978-7-5480-3774-3
定　　价：26.80 元

　　穿梭在高楼林立的城市中，我们很少有心思去理会生活中那些简单的快乐。繁重的生活让我们停不下脚步，快乐慢慢成了一种奢侈。

　　然而实际上，生活中并不缺少美好，而是缺少发现它们的眼睛和心灵。美好的事情一直都在我们身边，而且全部都是免费的，就像：

　　挑选一条美丽的裙子，穿着它走过诗意的雨巷；

　　温暖的午后，打开一本最喜欢的书；

　　为自己策划一次没有目的的旅行；

　　在漂亮的照片后面，写上美丽的心情；

　　打开存钱罐，给自己一份沉甸甸的收获；

　　……

真正的幸福并非惊天动地的大事，而是懂得发现生命中的小美好，过自己想要的生活：

抛开世俗的烦恼和喧嚣的生活，让清明的山水景色平复你杂乱的心情；

漫步在乡间小路，听溪水淙淙如同时间流过，听蛙鸣将田园的声音歌唱得恢弘悠远；

在夜晚，独自一人听春雨沙沙的落地声，低吟"小楼一夜听春雨，深巷明朝卖杏花"；

……

因为追逐名利，我们忽视了自己最真实的心灵；因为脚步匆忙，我们忘记叩问自己的内心。

只有静下来、慢下来，我们才会发现，生活可以如此简单而快乐。

书中记录的这些美好的事，也许有一些你已经经历过，有一些你正在酝酿着，而有一些则对你有灵感的激发。然而意义不仅仅在于事物本身，而是在于提醒我们在积极乐观的态度下生活，带着爱和微笑去珍惜那些出现在生命中的各种小美好！

# 目录
contents

# 01
## 穿着长裙走在长长的小巷里

　　戴望舒的一首《雨巷》曾经勾起过无数人对于那条悠长雨巷的诗意想象，还有那个丁香一样的结着愁怨的姑娘，独自撑着油纸伞在雨中漫步的寂寥身影，是那么让人魂牵梦萦。

　　而现在的你不需要结着愁怨，只需要悠悠地漫步在那"悠长、悠长又寂寥的雨巷"，就会融化在诗人戴望舒所营造的浪漫唯美的意境里了。

　　诗人是惆怅的，总是在泪眼朦胧中欣赏着这个风情万种的世界和自己莫名的哀愁。而在繁忙的现代生活中庸庸碌碌了太久的我们，似乎失去了发现美的眼睛，失去了品味浪漫的味蕾，也忘记了去欣赏这个世界和自己的美。

　　在钢筋水泥的世界蜷缩得太久，是时候走出去，让自己的身体和心灵都伸个懒腰，重新激发那有些麻木的神经以敏锐和快慰。这是一次心灵的旅行，带着古典的意境。

　　青石板铺成的巷道，两旁是白墙黛瓦的古典民居，一个宛如水墨画中的江南女子撑着油纸伞盈步轻挪，在细如发丝的绵绵雨中演绎着一个让人如痴如醉的梦。

江西省赣州市灶儿巷

　　这一次，你将成为梦中的主角！买一条质地舒适的裙子，棉布是亲切的、深知你心的，当你穿上它的那一刻，你就自然而然地卸下了心里所有的防备，返璞归真，回到了最初的自己。然后，轻轻地走出门去，步入那绵绵细雨中。"淅淅沥沥"的小雨如泣如诉，原来天地间还有如此不伤人的情谊，它需要的只是你的倾听而已。一步一步走进那条"悠长、悠长又寂寥的雨巷"。撑着伞，慢慢地走着，没有时间的追赶，没有工作的重压，你只是静静地走在浪漫里，走在自己的心里。要知道，在这世界上独一无二的你，有着这个世界独一无二的美。

你欣赏着雨巷里的风景，巷子口欣赏风景的人欣赏着你。

# 02

## 躺在舒适的床上听雨

我们每天都会听到各种各样的声音：欢乐的笑声，悲伤的哭声，朋友间道别的声音，路人争吵的声音，工作时繁忙的打字声，甚至下班后周遭的杂乱声，我们已经没有时间和空间让自己安静下来了。我们一直被声音包围着，在喧嚣的尘世，我们就像小木舟一样，飘摇在声音的长河中。

雨天时，你可曾静静地躺在床上，去仔细聆听落地窗外的雨声？在暴风雨来临前，有狂风的呼啸，也有雨打屋檐的声音，可惜我们很少会仔细聆听大自然带给我们的"交响曲"——那细细碎碎地打在窗子上，敲击着不同音节的雨声。

是该给自己的灵魂随时放个假了。例如当雨来的时候，我们就什么也不干，专心去听雨。夏天的雨总是不期而至，总能给你一种突如其来的感觉。雨点慢慢降落，打在整个城市的身体上，还有行人的衣服上，洋洋洒洒，肆无忌惮，大自然中的一切都被雨水打湿，这难道不是我们常常忽略的一幅美景吗？如果这时你闭上双眼，只是努力地倾听雨落的声音，你会发现它落在窗上虽然有些漫不经心，但有时却会发出阵阵类似欢乐或悲伤的声响，伴随这如风铃般自然的声响，你是否会自然而然地把自己彻底放松下来，想想过去开心或伤感的日夜。就是这样，放下手头的工作，忘掉白天发生的琐碎小事，关掉台灯，让自己在幽暗之中，静静地听落地窗外的雨声。

我们还能有多少个这样惬意的时刻，可以静静地在黑暗中听窗外的雨声呢？生活过于繁忙，我们总是抱怨岁月的匆匆与无情，不经意间就苍老了容颜，却仍然不得不每天穿行在各种各样的嘈杂声中，在声音的旋涡中挣扎着、浮动着，以至于最终忘记了我们为什么行走。我们走得如此匆忙，以至于我们无法让自己惬意，无法停下脚步来欣赏路边的风景，甚至雨滴的声音。

听雨吧，雨天最适合回忆。回忆是美好的，先不去管自己回忆的内容，回忆也需要一份自然的心情和放松的环境来衬托。在雨声中，回忆那些发生在雨天的故事，雨天带给我们的总是有那么多开心、悸动，甚至痛苦和失落。工作累了，心累了，躺在你的小房间，慢慢闭上双眼，倾听雨声，遥想当年的自己和另一个雨天发生的故事。

# 03

## 落叶时节做出"完美"的树叶书签

　　长大后，我们每个人每天都有很多事情要忙，但是又好像每天都千篇一律地做着同样的事，让人觉得生活乏味又无趣。周而复始，渐渐地，也许我们会迷失自己最初的方向，甚至会对生活感到无比厌烦。因此，在空闲时，不如给生活制造一点新鲜的元素，让我们每天都能精神焕发，生活会因为有这些灵动的元素而精彩非凡，就像回到了童年一样。

　　我们的童年与快乐有关，与自由有关，也与自然有关。每当回忆起秋天，我们总能想起儿时那些渐渐萧瑟的秋风，还有那片片飘落的树叶，我们会捡许多这种叶子，什么形状和颜色的都有，然后贴在一个自己最喜欢的本子上做纪念，又或者干脆风干了这些树叶，然后用它来做书签，别致又浪漫。其实，现在我们依然可以重温这种自己收藏美丽的乐趣，你可以像小时候那样找一片树林，最好树种比较繁多，这样你可以收集到各种各样的树叶。

　　制作书签的树叶要有讲究，一定要完好无缺，而且要表面平整，所以，我们要一片一片认真地捡起来，放在事先准备好的塑料袋里，塑料也要选择小型平整的，把收集到的树叶一片贴着一片整齐地放在塑料袋里。每种树叶最好能多收集几片，因为你不能保证收集的树叶每一片都能制作成功。

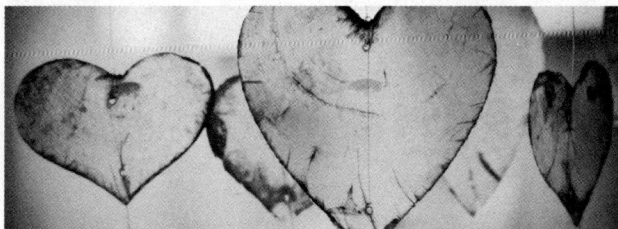

心形树叶

　　回到家后，检查收集回来的树叶，选一些完好无损的漂亮叶子，把它们放在水盆里，清洗一下，再拿出来，用卫生纸擦干。然后，在每片叶子两面垫上几层厚厚的卫生纸，用书压上。等完全干了，把叶子拿出来。还有另外一种方法，把树叶和碱块放在一起煮，叶子煮好后，取出，用细毛刷将表面的颜色轻轻刷掉，这样就只剩下透明的一片叶子了，最好将其放在通风处（阳光不要太充足）晾干就好了。

　　第一步工作做好后，下面的工作就是美化了，用彩色荧光笔在叶子上画上图案或写上字，这时候你可以发挥你的想象力，这是表现你艺术创作才能的时候，最好画上一些能激励自己的图案，或写上励志类的格言或诗词。

美化工作完成后，最后在叶柄上系上一根彩线，这样一枚叶片书签就制作成功了。也许你不满足于一枚书签，那么把上面的程序再重复，制作出各种不同的漂亮书签，把它们当作礼物送给朋友也不错。

# 04
## 一曲老歌瞬间打动你的心扉

在很多时候，音乐是一个时代，甚至是我们成长的一种见证。那些歌曲总是伴着流金岁月，流淌在我们生命的长河中。随着那些歌曲慢慢地老去，我们也都渐渐长大。可是我们脚步再快也追赶不上时光的步履，当我们蹒跚着来到这个世界上，就开始和时光赛跑，走过喜怒哀乐的往事，走过喜忧参半的过去，时光机器却一直在前方召唤着我们，直到我们终于有一天累了，然后长眠。

突然有一天，你如往常一样，赶着去上班的路上，也许嘴里还咀嚼着没吃完的早饭，一边忙着出门一边穿外套，匆匆忙忙的一天又开始了，然后遇见一群和你一样行色匆匆的上班族，和你的生活一模一样的开始，甚至如此有缘地和你挤上同一辆公车开始追逐新的一天，而恰好也是这个时刻，公车堵在一个路口，突然传来了一首老歌，你们飘荡的思绪戛然而止，好似约好了一样，安静地听着这首歌，每个人都在想那个年代的事情，怀念那个时候的自己。也许听那首歌的时候还是自己的大学时代，你们永远洋溢着青春的气息，你们有理想、有抱负，畅想未来；你们的爱情是纯真的、率性的，带着美好的憧憬；那时的你们也许有点叛逆，但血气方刚，渴望能早点毕业，好去证明自我的价值。

你们不禁同时沉默，在心底默默地哼唱那首老歌，它见证了你们的风华正茂，也见证了那段火热的青春；你们不再忙着赶路，突然想停下来，突然来了兴致，又是这么突然地想怀旧、想感慨，看似麻木的脸庞终于泛起了悸动，浮华的背后又有多少辛酸能被人了解，每个人心底的浪漫都轻易地被这一首老歌勾起了阵阵涟漪与共鸣。

一首老歌，带你回到往昔，使你模糊的脸变得清晰，你们曾伴着这些旋律度过了多少个激情的日夜，还能想起当时陪你一起倾听这首歌的人吗？你们现在是各奔东西，还是一直相守？一首老歌，勾起思绪万千……

# 05
## 疲惫归家后，宠物第一时间跑过来蹭你

　　你可以拥有这样一个朋友，不用担心它会背叛你，不用花费太多心思去经营你们之间的关系。它不会冲你大吵大闹，不会和你大打出手，不会今天对你好、明天对你坏。它不会强迫你必须陪在它身边，不会在你想要休息的时候还一个劲地在你耳边聒噪，不会拉着你大半夜还在KTV唱到嗓子都哑掉。它不会算计你，不会笑里藏刀，不会在背后说你坏话，或者在你的上司面前打你的小报告。当你拖着疲惫的身体回到家的时候，它会第一时间跑到你的身边，用脖子轻柔地蹭你的腿，好像在给你安慰。当你坐在沙发上，一个人默默流泪时，它会乖巧地蹲在你的身边，用亮晶晶的眸子温柔地看着你，仿佛也在因为你的伤心而烦恼。或许上面的事情它都做不到，因为它可能没有脚或者无法离开自己赖以生存的地方，但是当你走到它的身

边时，它能感觉到你的靠近，你们的默契会让它懂得你的需要。你总是能在它的身上看到简简单单的幸福，有时候甚至也希望自己可以像它那样，不为工作和生活而烦恼。它是你想倾诉时的听众，孤单时的伴儿，它就是你的宠物。

养一只宠物在家里吧，可以是小猫小狗，也可以是乌龟小鱼儿，只要自己喜欢就好。和它成为好朋友，虽然它不能和你说话，但是每一个小动物都是有灵性的，它真的能够明白你内心的一些想法，带给你一些人类朋友不能带给你的感动和喜欢。有了它，你的生活会充满不一样的乐趣。不管你是成功还是失败，这个好朋友总会在家里等着你回来。

小狗

# 06

## 在空旷的地方静看夕阳

夕阳是一天的结束，也把所有的极致绚烂都归于一处，而又渐渐化为平淡。随着彩霞的变幻，暮色四合，黑夜开始慢慢降临。太阳每天东升西落，这是亘古未变的自然规律。而追逐着匆忙人生的你，又有多久没有看过这自然赐予的景色了呢？

傍晚的时候，坐在山上，或在楼顶。这时，太阳的光线已经不那么刺眼。如果远处有河，看着夕阳淡淡的光洒在河面上。看着微风吹过，河面上泛起的层层细浪，河水浮光掠金，许许多多的光点似颗颗神奇的星星，在波光粼粼的河面上调皮地蹦跳着、玩耍着。看着夕阳柔和的光照在路边的树上，使它们的叶子显得更加翠绿，闪烁着迷人的光泽。

看着落日的余晖，犹如大海退潮一般，不经意间，肃然地慢慢地悄无声息地退去，烟色的黄，由亮变暗、由深变浅、由浅变淡。慢慢地，黑暗就会泛上来了，眼前的景色悄悄地藏在黑暗里，一切都不见了，时间也好像停止不动了，好一个安静祥和的世界。

　　静静地坐在这片安静祥和里，你会感觉到一切烦恼都消失得无影无踪了，可能你会想起过去的那段岁月，有过坎坷、有过风雨、有过失去……也许你会在豁然间开朗，这一切都不重要了，只有这恬淡中的安宁，这满足的无忧无虑的孩子气的笑。

# 07

## 一个人轻轻松松地走进电影院

把自己完全沉浸在一件事的时候，会让自己暂时忘掉身边的嘈杂和内心的烦恼。当全身心投入地去做一件事，体会的是一种不同于以往的充盈的感觉，哪怕是去放松、去休闲、去娱乐，认认真真去享受这种专注，是一种更高的境界。休闲放松的方式有很多种，每个人都有能让自己放松的方法，如果想在娱乐中，还能让自己收获感动或思考，那么，抽空去电影院看一场你认为深刻的电影是一个不错的选择。

结束一天或是一周的劳累，安安静静地坐在电影院里，欣赏和体味别人演绎出的一种人生。欣赏之余，有时候也会引起内心的震动或是思考，被银幕上的光影细节所触动，跟着剧情黯然神伤或者怒发冲冠。电影本身是一种艺术的表现方式，但是它源于生活，于是我们容易被牵动、被启发、被感动。而我们的人生也许会因此而得到一种启迪，让我们反思自己，学会更好地生活。

电影院里的椅子

去电影院看一场深刻又经典的电影，不光会被剧本震撼，你还会看到在座的人们是不是有某一个人与你产生共鸣，又或者你想哭就哭，想笑就大声地笑，在黑暗影院中，在陌生的人群中，没什么是你必须要顾及的，回家途中，你可以随意随性地思索故事的结局，重新进入一个真实的世界，身在剧本之中的你又会如何？也许你会突然觉得拥有眼前的生活已非常幸福。

# 08
## 关掉手机过了一天

随着时代的发展，我们的生活节奏越来越快，也让我们渐渐失去了喘息和休息的时间。时间对于我们来说过得飞快，脑海中全部被数字时间占据，慌乱中想到还有好多事情没有做完。然后我们就不住地打量手表，指针规律地"滴答滴答"走着，被现代生活奴役的我们也被时间催促着、逼迫着向前赶。马路上，车水马龙，人们焦灼地等待着红绿灯由红变绿，又由绿变红。迈开大步流星的步子，似乎每一个步子要迈多大都经过了时间的计算，机械得如同手表上的指针。

有时你是否会发现，自己变成了时间的奴隶，戴好手表是出门前必须做的事，如果哪天忘记了或者手表坏掉了，你这一整天都会过得烦躁而焦虑。还有一样东西，也是你的出门必备，那就是手机。准确地说，不只是出门，在家的时候，不也是把手机放在伸手可及的地方吗？手机一响，你便立刻进入了"备战"状态，即便是在半夜。上司又突然给你安排工作任务了，同事是不是把你当成了"便利贴"，朋友是不是又叫你陪他去做这做那？是，你是一个好人，你很愿意去帮助别人。可是事实上，你也有好多好多的事情要做，你也会觉得忙不过来透不过气，你也需要身体的休息、心灵的放松！那么，当有一天你厌倦了这些接踵而来的事情，很想好好地休息一下时，就对自己好一点，干脆扔掉手表，关掉手机，"消失"一天吧。不要担心别人找不到你事情就没法完成。要知道，这个世界少了谁，地球都还照样转。

关上所有能让你洞察到时间流逝的装备，安安静静地等待时间的流走，踏踏实实地做你该做的，不要着急去看时间，阻断外界的纷纷扰扰，让这一整天的时间完全属于你自己，在这一整天的时间里，你想做什么都可以，只要能让你彻底地放松下来，你所做的一切都是有意思的。

不想出门，不想去忍受嘈杂的人声车鸣，那就待在自己的小窝，享受做一天宅男宅女的自由自在。早上终于可以睡到自然醒了，伸个大大的懒腰，算是向阳光问好。不用在脸上涂脂抹粉，让皮肤自由地呼吸，也不需要西装革履地搭载公车，带着微笑环顾一下你生活的环境，再泡上一杯喜欢喝的咖啡或者清茶，慵懒地躺在沙发上，看看电视、看看书，真是自在又惬意。晚上不用参加什么舞会，也不需要为了应酬而假装豪迈，做个面膜，便可以早早地上床睡觉了，连这夜的梦都比往日来得更轻盈。

宁静时光

或者，你也可以到郊外去走走，换个环境有助于舒缓工作压力和人际压力。没有呼朋引伴的喧嚣，没有顾此失彼的担心，没有必须应酬的人，没有不得不做的事……总之，此时此刻你就是你自己，想笑就笑，想哭就哭，绝对真实、绝对轻松。躺在郊外的草地上，大自然的虫鸣鸟叫是最美丽的乐章，还有草的清香、阳光的温暖将伴你小憩片刻。大自然会以她博大的胸怀接受你的抱怨和委屈，倾听你的烦恼和压力，然后以其自然的美，让你的脸在不知不觉中绽放出最美丽的微笑。其实我们每一个人的笑容又何尝不是大自然里的一朵花？

# 09
## 有一本随时让自己开怀的笑话书

　　我们常抱怨工作太辛苦，抱怨好运气总是属于别人……由于总是不停地抱怨，好心情便离我们越来越遥远。事实上，抱怨并不能改变什么，也不能使自己得到什么，只有自己去创造生活的乐趣才能让我们保持好心情，才有可能遇上好运气，才有可能获得成功、获得幸福。

　　冰心曾说过这样一句话："希望便是快乐，创造便是快乐。"快乐不是别人给的，也不是上天恩赐的。快乐是一种心情，是一种能由我们自己掌控的内心状态，与他人无关，与外物无关。幸福生活的关键在于我们有一颗能够发现快乐、创造快乐的心。

　　的确，很多时候，我们之所以不快乐，并不是我们没有得到什么，而是我们期望得到的太多，以致欲望越来越多，幸福越来越少。还有就是我们总是等着快乐降临，却不会自己去创造快乐。如果一件很小的事情就可以让我们每天都拥有一份好心情，你是否愿意去做？比如，在手边放一本小小的笑话书。在早上起床后，你就随便翻翻它，逗自己开怀一笑，那么你的好心情就开始了，你一定会觉得这一天的阳光特别灿烂。然后工作起来也特别得心应手。

不要总是把目光放在工作上，金钱、地位、权力都比不上你内心的快乐重要。多留意自己的生活，多为自己的生活创造点什么，其实快乐可以很简单。请记住卡耐基对于如何得到快乐的看法。卡耐基说："我们在生活中获得的快乐，并不在于我们身处何方，也不在于我们拥有什么，更不在于我们是怎样的一个人，而只在于我们的心灵所达到的境界。"懂得为自己创造快乐的人，便是热爱生活、充满激情的人。这样的人更容易品尝到幸福的滋味。

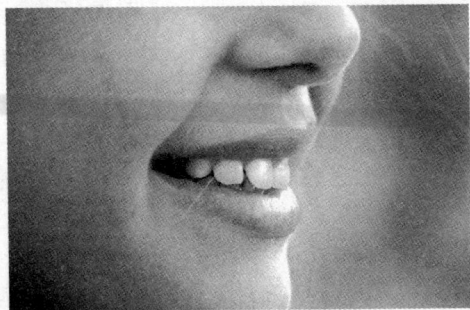

会心一笑

当我们无法改变自己周围恶劣的环境时，我们可以改变自己的心态。没有财富不要紧，但不能没有创造快乐的能力。其实，快乐纯粹是内在的，它不是由客体，而是由观念、思想和态度产生的。不管你处在什么样的环境，不管你的心情坏到什么样子，只要你选择快乐，你就会得到快乐。

# 10
## 在寺院中感受晨钟暮鼓

　　去寺院听一听晨钟暮鼓，并吃一顿斋饭。这是很多人都没有过，怕是也没想到过的经历。我们走进寺院，总会带着神圣又安宁的心，而寺庙的肃穆和宁静也总是让我们感到不染人间烟火。而且寺庙大都修建在山清水秀的丛林深处，当你置身在这种氛围中，那里的一草一木都会让你觉得如此有灵气，整个世界都显得质朴、宁静、祥和。

　　走在烟雾缭绕的佛殿前，我们可以虔诚地上一炷香，你可以什么都不必想，不管你有没有信仰，但就在此刻，请带着虔诚的心去仰视殿内的各种神灵。看着他们的神态各异，同时耳边传来的晨钟暮鼓也悠远而富有节奏，和我们的心率保持着一致。此时，曾经像幸福一样被我们浮躁的情绪淹没了的彼岸世界，从闹市里抽离出来，变得触手可及。其实它一直就在我们的内心深处，只是不走近这样一个给心灵洗澡的地方，我们无法停下来看清自己，也就无法触摸生命的本真。

树木葱郁的寺庙

当我们感受过寺院的清幽后，也可以和那里的主人聊聊天，他们都是心如明镜的人，怀着善心在为来世积德，外界任何的躁乱对他们来说都是眼前的时光，会被风吹散。和这样的人聊天，在巨大的反差里，你会看到真实的自己，在看清自己后，你才知道自己真正想要的是什么。

# 11

## 写在沙滩上的烦恼，被海水卷走

人在尘世中难免会有烦恼，甚至烦恼会伴随着我们度过大部分人生。我们总在忙碌中忘了自我、忘了快乐、忘了满足。烦恼来自于欲望，来自于追求，来自于对尘世美好的向往。

烦恼就像写在沙上的字，海水一冲就流走了。有这样一个故事：有一个中年人，年轻时追求的家庭事业都有了基础，但是却觉得生命空虚，他感到彷徨无奈，情况越来越严重，只好去看医生。医生给他开了四个处方，分四帖药放在药袋里，让他去海边服药，服药时间分别为九点、十二点、下午三点、五点。

九点整，他打开第一帖药服用，里面没有药，只写了两个字"谛听"。他真的坐下来，谛听风的声音、海浪的声音，甚至还听到自己的心跳节拍和大自然的节奏合在一起跳动。他觉得身心都得到了清洗。他想，我有多久没这么安静地坐下来倾听了？

到了中午，他打开第二个处方，上面写着"回忆"两字。他开始从谛听转到回忆，回忆自己童年、少年时期的欢乐，回忆青年时期的艰难创业，他想到了父母的慈爱，兄弟、朋友的情谊，他感觉到生命的力量与热情重新从体内燃烧起来了。

下午三点，他打开第三个处方，上面写着"检讨你的动机"。他仔细地想起早年的创业是为了热情地工作，等到事业有成，则只顾挣钱，失去了经营事业的喜悦，为了自身的利益，他失去了对别人的关怀。想到这儿，他开始有所醒悟了。

到了黄昏，他打开最后一个处方，上写"把烦恼写在沙滩上"。他走进离海最近的沙滩，写下"烦恼"二字，一个波浪袭来淹没了他的"烦恼"。沙滩上又是一片平坦。

当他走在回家的路上时，他再度恢复了生命的活力，他的空虚无奈也治好了。

我们不妨也把追求的烦恼写在沙滩上，让海水把它冲走。然后，学会静静地"谛听"，让自己回归自然，享受自然生存的乐趣！静坐海边，让涛声带领我们去回忆、去感受，感受父母家人的爱，感受兄弟姐妹的情谊，这时，你会发现，人生的真正喜悦是浓浓的亲情、友情、爱情。而烦恼就像沙滩上的字迹，让海水把它冲走，让心灵也恢复平整和宁静。

# 12
## 在失眠的夜听优美的爵士乐

　　万籁俱寂，本应是万物安然入睡的时候，我们中的不少人却仍旧醒着，或许想着工作的压力，或许思考着关于人生的难题。即便是在家里，我们的心灵也得不到放松，依然让自己陷于尘世的剪不断、理还乱之中，意乱情迷。得不到放松的心灵太沉重，一如得不到安宁的灵魂太沉痛。

卧室一角

与其躺在床上辗转反侧，苦恼着令自己睡不着觉的事情，以至于内心的躁动和不安燃烧成一团灼人的火，还不如翻身下床，虽然是在午夜，也去听那么一曲爵士乐。睡不着是对生活的妥协，就像对待很多其他的事情一样，生命中有着太多的无可奈何。听一曲爵士乐却是妥协之中的豁达和自我安慰，用音乐来抚慰这颗不安分的心，或许就会看到退一步海阔天空的风景。在优美的音乐声中，我们才开始真正安静下来，可以慵懒也可以认真地梳理自己的情绪。

　　这是silent night，玛丽亚·凯莉轻柔的声音诉说着一个人心中关于夜的想象。听着听着，居然想起了妈妈的摇篮曲，二者的曲风没有任何相似的地方，却只是因为那同样温柔的声音。你就在here and now，触摸着自己灵魂的脉搏，那似乎暗含着些许神秘的女声原来是在领着我们去探索自己的灵魂。你说你don't know why，为什么爱就不在了，为什么工作得那么累了，为什么自己如此心烦意乱了。其实，很多时候，答案是什么并不重要。重要的是，我们以怎样的心境来面对这答案，面对这现实。有个声音告诉你don't cry。此时此刻，你沉浸在夜的孤独中，每一分每一秒都活得那么用力，如同跳着just one last dance那么倾尽全力，这黑暗中的舞者有着不向命运屈服的毅力，也懂得如何在黑暗中享受生活的乐趣。渐渐地我们终于明白，既然活着，那就要活得开心、活得精彩，不为别的，只为living to love you，这个你就是我们自己。然后有一个声音会领着我们going home。这个家，不在外面，在每个人的心里。我们终于明白，没有完全的得到，也没有绝对的失去；没有大获全胜，也没有一败涂地。每一次的爱恨交织都是一种经历，都会在岁月的抚摸下失去原有的脉络清晰，最后只剩下些微痕迹。到后来痛不再痛，爱也不如当初那么歇斯底里，我们终于可以放下这些尘世的包袱，开始很平静地朝着温暖的床上走去。你想通了，回家的路也就畅通了。终于我们找到了a piece of my heart，于是一个微笑像一颗星星一样，从心底升上脸庞，我们和着音乐开始悠悠地唱起："This is my life. I can not live it twice. All I can get is a piece of my heart …"

　　用一曲优美的爵士乐来安抚自己不安的灵魂和躁动的心，让这个夜晚不会因为失眠而变得寂寞难耐。

# 13
## 大哭之后的神清气爽

美国圣保罗-雷姆塞医学中心精神病实验室专家曾进行了一项关于流泪的研究。该研究发现眼泪有助于缓解人的压抑感，对促进身体和心灵的健康均有帮助。而强忍眼泪则会对人体造成非常不好的伤害，其后果无异于"慢性自杀"。

医学专家们发现，眼泪中含有一种有毒的物质。如果强忍眼泪，不让这种有害物质排出体外，就可能引起心跳加快、血压升高和消化不良等症状。眼泪分泌不畅，还会影响细胞正常的新陈代谢，严重时可能形成肿瘤。

眼泪能够释放压力，排除有害物质，放松身心，促进其健康发展。一般来说，人们哭过之后，其情绪强度会减少40%左右，大大减轻了负面情绪的影响。

泪水中含有溶菌酶、免疫球蛋白和乳铁蛋白等物质，能够抑制细菌增长并杀死细菌，从而保持眼睛的清洁。

眼泪会在角膜表面形成一层厚度为6~7微米的液体薄膜，润滑眼睑和眼球，起到减轻散光、改善角膜光学特性的效果。

如果你累了、倦了、痛了、想哭了，那就大方地放声哭一次。咸涩的眼泪会溶解掉那些虚伪的面具，痛快的号啕能够冲破现实的藩篱。它会帮助你释放出所有的毒素，不管是心理上的还是身体上的。我们有时需要这种自我调整，不要再背叛自己自然的心意，想表达什么，找个时间实现它。即使你是一个在人前风光无限高高在上的领导，或者一向坚强不被打倒的强人，都需要一种发泄，一种不伪装自己、不为难自己的真实。

# 14
## 在你知道安全的时候醉一场

　　酒，不能果腹，难以止渴，却是美的催化剂，是天地间灵气的聚集。自古以来，酒就是我们表达感情的最佳手段之一：亲友聚会，必要用酒来展现彼此思念的热烈；丧葬祭祀，亦是清酒一杯，聊以安慰；婚姻嫁娶，怎么可以少了美酒助兴；个人独酌，不也有着"举杯邀明月，对影成三人"的情致。酒，能够让人们解除心灵的戒备，展现自己最真实的一面。或开怀大笑，或痛哭流涕，或呼呼大睡，或展现孩子般的淘气与顽皮……一千个人有一千个哈姆雷特，一千个人也有一千个醉态。不论开怀畅饮之后有着怎样的酒后姿态，都请你尽情尽兴地醉一次，卸下心里的防御与伪装，做一次真真正正的自己。更何况，每个人都只有一生，仅此一次的一生，难道不应该痛痛快快？李白也曾说"人生得意须尽欢，莫使金樽空对月。"

酒醉之后，你可以和知己做一次推心置腹的交谈；可以不管好听不好听地放开喉咙唱出心里的歌；也有可能你的心里会突然涌出无限灵感，于是挥毫立就，笔下生花；甚至让你从平日里种种烦闷与困境中就此走出来，心胸豁然开朗，超脱达观。其实，醉酒的又何止是人的身体，还有那颗放松下来的心。也许精神的醉意朦胧才是喝酒人的真正目的吧。

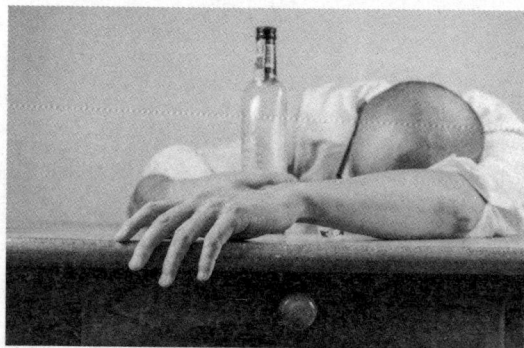

喝醉的男人

# 15
## 家庭相册又厚又重

　　年轻时候的爱情都是热烈的，每时每刻，都渗透着浓浓的爱意和浪漫。每对恋人在爱情的最初阶段，都会被幸福的来势汹涌冲得有点头昏目眩。你和你的恋人自然也不例外。可是慢慢地，你们终会冷静下来。当生活归于平淡，似乎连你们刻意制造的浪漫都不如先前那么令人目眩神迷了。

　　其实，这才是对你们爱情的真正考验。所谓"七年之痒"，也许就是受不了那份平平淡淡吧。但其实爱情还在，只是以更生活化的面孔出现而已：早上起床，妻子已经准备好的那杯冒着热气的牛奶；突然来袭的下雨天，丈夫默默撑在妻子头上的那件外套；出差回来，妻子准备好满桌丈夫爱吃的菜；下班回家，两个人终于结束一天繁忙的工作，那一瞬……这些点点滴滴的幸福，都是每一对夫妻会经历的，太平常太简单，却有着"随风潜入夜，润物细无声"的力量，滋养着两颗相爱的心。只要你们能够注意到这些小小的幸福，爱情之树就会是常青的。不如干脆拿出相机，记录下那些幸福的画面，再把它们制成一本爱的相册，见证你们爱情的每一个足迹。

并不是说只有去到不一样的地方或者发生不一样的事情，才有拍照的必要，才因为它的难得一见而值得纪念。你们日常生活中的锅碗瓢盆儿都可以成为按下快门的理由，重视生活中的平淡充实，才是真正懂得幸福的人。

当你开始去留心的时候，你就会惊喜地发现，原来你们看似平淡的日常生活中有着那么多令人感动的时刻。那些令你有所触动的画面，都可以照下来，不管是开心的，还是偶尔闹了小矛盾的。他早上上班之前站在镜子那儿穿西装打领带的样子很帅；她今天化了一个不一样的眼影很美；他加班晚了，一副辜负了她悉心准备的精致晚餐的忏悔表情，很可怜；她回到家又跟他说办公室那些八卦，眉飞色舞的样子很可爱；他和她吵架了，俩人坐在沙发的两头各自生闷气，都可以互相照下来，这一照，怕是谁也气不起来了·两人终于有了自己的小孩，三口之家的幸福，令人感动到想哭……总之，值得你按下快门的理由有很多。

之后，你们可以在照片下面写上一些话，内容可以是照片里的他当时在干什么，或者当时你照下这张照片的心情，又或者是彼此想要告诉对方的话等等。一个小小的相机，一本渐渐增厚的相册，会给你和恋人的生活带来很多乐趣。

　　不要因为早已习惯而放心大胆地去忽略，更不要因为知道他爱你而有恃无恐地去伤害。请你拿出相机来，和恋人一起完成这本爱的影像。每一次按下快门，都是在说"我爱你"；每粘上一张照片，都是贴上一句"我爱你"；每在照片上写下一些话，其实也只是写了三个字"我爱你"。然后，等到你们银婚、金婚、钻石婚的时候，一起拿出那些相册，一张照片一张照片地慢慢翻着，回忆着。看着那些照片和上面写的那些话，这一生共同度过的喜怒哀乐又重新出现在眼前。那么多年过去，已经成为了老头老太太，但是你们的爱依然如初。那些记忆中的影像，都化成了这些相恋时爱的典藏，它们是真爱的见证，也是彼此一路走过来的美好回忆。

# 16

## 终于丢掉自己不需要的东西

　　人的心态不一样，对待生活的态度就不一样。在乐观豁达的人看来，生命其实很简单，只要追求自己真正喜欢的有价值的东西，不被金钱、权力、地位所奴役，就可以活得很轻松、很快乐。而被外物蒙蔽了双眼的人，则会苦恼于生活的复杂、混乱和忙碌。有那么多的东西要去追求，有那么多的人要去应酬，大部分时候都周旋于各种利益纠葛之中，渐渐迷失了自我。我们都知道，人的精力和时间都是有限的，所以才应该把它们花在更有意义的事情上，可偏偏有的人要用这有限的精力和生命去填补无限的欲望黑洞。不管是他的时间，还是心灵的空间都被占得满满的，哪里还会有地方留给生命中真正重要且美好的人与情呢？

　　人类总是想拥有很多，这也许是我们人类天生带着"自私与贪婪"的劣根性，于是我们总企图用所拥有的东西来证明自己的价值，不停地给自己设定很多目标，加了一副又一副担子在自己肩上，也许只有这样才能证明我们活着。但偶尔安静下来想一想，谁都不是铁人，谁都会有累的时刻，并且不是每一个目标都值得我们这么费尽心力去实现。为什么不尝试用减法去生活？拿张纸出来，好好想想哪些东西是你生命里真正需要的，然后把那些不需要的或者可有可无的，从你的生命清单里剔除掉，列出一份关于舍弃而不是争取的清单，让自己获得一个足够宽敞的空间来好好享受生活。

在这样一张清单里，除了日常生活的废品，其实应该被清理的还有你的过去、你的回忆。"日子久了，回忆也堆积得要发霉了。找个阳光充足的晴天拿出来翻晒翻晒，那些需要忘记的事情，就让它像浮尘一样飘散。于是，蓦然发现，心是空灵的，梦是明朗的，生活是澄澈的……"你何不也找这样一个晴朗的好天气，悠闲地坐下来，梳理一下自己的记忆。忘记脑海里那些令人不愉快的人和事。何必还要让它们挤占着你寸土寸金的心灵空间？如果你曾经因为某个人某件事伤了一次，现在却还死死地记住他们，岂不是在自己伤害自己第二次、第三次？清除记忆中的那些不愉快，才可以轻装上阵，大步地迈向充满阳光的未来。

杂乱的衣物

　　至于未来，你也一定做了很多规划，觉得有好多梦想要去实现。可是你有没有想过，有些所谓的梦想是不值得你付出那么多去苦苦追求的。名利、富贵、权势真的只是过眼云烟，你要做的应该是真正有助于自我内心修养的事情，同时为家人、朋友甚至那些陌生人带来幸福。在这份做减法的清单上，列举出你不应该做的事情，比如不能违背自己做人的原则过分迎合上司，不要为了升职而过度加班以致给健康造成严重伤害，不要对别人的不幸视而不见，等等。把这些对身体对内心没有好处的事情，从生活中舍弃掉，你会发现成为自己喜欢的样子原来是这么轻松自在，为他人带去快乐原来是如此令你幸福。减轻生命的负担，你就能够插上幸福的翅膀飞起来。

　　学会给心灵做加减法，减少内心的负担，增加生活的快乐，这样的人生才能变得丰盈豁达。

# 17
## 从容翻开一本书

　　你是否曾百无聊赖地熬着日子，望断天涯去寻找一方内心的踏实，然而仍是恍恍惚惚，怎么也无法充实起来。空虚的人，大多是心里惶惶无所事事者，我们费尽心思追问生命的意义，到头来也就是想摆脱精神的空虚。

　　这时候，倒不如用书籍来驱走空虚，当你因读书而沉浸在一件有意义的事情里时，空虚反而隐身遁形了。目光空洞、唉声叹气不是摆脱的办法；为完成任务埋头工作，也不是聪明的选择；心若渴望着像大地那样丰厚的充实，恐怕还是用书籍来填满时间比较切实可行。因为，正如"人类最伟大的戏剧天才"莎士比亚说的那样，书籍是全世界的营养品。有了书籍源源不断的滋养，就如同花朵有了阳光和肥料的培育，人的精神不但不会感到空虚，反而会绽放出最美丽最灿烂的思想之花。

所以，你只需要每天拿出半个小时的时间，来享受以书为载体的人类智慧的交流，你的思想就会变得越来越充实，越来越感到生活的美好。

书和眼镜的独处

泡一杯香茗或者咖啡，放上一段悠扬的音乐，暂时远离现实生活中的纷纷扰扰，将自己沉浸在文字构筑的世界里，充分享受阅读的乐趣。读唐诗宋词，你将感受到骚人墨客们浪漫脱俗的文人情怀；读名人传记，你可以了解到他们的生平和成功的秘密；读各国小说，你会见识到不同国家不同年代的人生百态；读旅行游记，你将领略到世界各地的风土人情和文化底蕴……每天给自己半小时，让自己徜徉在书的海洋里，让自己拥有一份宁静自在的心情。

# 18

## 当你徒步旅行后回家翻看照片时

一般我们去旅行，总是会选择一些快捷的交通工具，那样可以更快地到达目的地。殊不知，这样直接又急促的旅行，往往使我们错过了那些沿途的风景。最近，有很多人开始选择徒步去旅行。行走着去近郊，去离自己并不遥远的原野，更有甚者徒步穿越川藏，用自己的双脚走过艰难险阻，去丈量土地山河。

徒步旅行这个词语最早是用来指19世纪60年代在尼泊尔的远足旅行，从那以后徒步旅行就开始流行起来了。

徒步旅行就是指沿着山间小径行走，徒步旅行和登山还是有区别的，因为徒步旅行线路可长可短。徒步旅行深受人们的喜爱，其原因就在于沿途可以欣赏自然风光和人文景观，另外，一路上的奇花异草、珍禽异兽也为徒步旅行增色不少。

徒步旅行中，山景也许是最吸引人的，但你还可以发现其他的诱人之处：美丽的小山村，别具风格的房舍，整洁的山野，引人入胜的庙宇……当你越走越高时，绿地、绵延数里的森林、水流湍急的溪流和深不可测的峡谷代替了风光，并且山景随季节而变化，春种秋收，花开花谢，却总是一派迷人景象。当然，有个徒步旅行同伴也是你快乐旅行的一个重要原因，旅行能够增进朋友之间的情谊。

徒步旅行对于青年人和中年人，无疑可以增强体质，但是，如果不做好徒步旅行的防病准备，则有可能适得其反，主要注意以下几点：

（1）防疲劳。

（2）防脚打疱。

（3）防寒暑。

（4）解渴要适可而止。

（5）热水洗脚去疲劳。

（6）随身携带一些常用的感冒药、防暑药和外伤药，备一酒精盒浸 1 ~ 2 根马尾。

徒步旅行是一场考验体力和心力的运动，做好身体和心智上的准备是非常重要的。

# 19
## 把自己最感动的事变成文字

    人类社会发展到今天，创造出了令人惊叹的文化成果。例如文学作品，古今中外的名家名作如天上繁星，卷帙浩繁、内容丰富、思想精深。大作家们以神来之笔，挥洒出天马行空的想象，扣人心弦的情节以及栩栩如生的大小人物，让我们深深地为之着迷。

    其实作家们也和我们一样过着普普通通的生活，日子里同样有着柴米油盐的琐碎。写武侠小说的作家比如金庸根本就不会飞檐走壁，雨果要写《九三年》也并不需要回到那个年代去，那他们是怎么写出那些优秀的文学著作的呢？其实最重要的除了写作技巧以外，还需要有一颗敏感的心。所以，你不需要什么非凡的才华，只要心中有一件特别让你感动的事，你同样可以把它写成小说，用书本来承载你最诚挚的情感。

首先，在记忆的匣子里仔细地一件一件找出那些令你感动的事情。其实你会发现，生活中原来有那么多感动和美好，找到那一件最令你感动的事，不在于它的情节是多么千回百转回肠荡气，只需要它触动了你心底最柔软的部分。可能就是日渐老迈的父母黄昏下互相搀扶的背影，可能是和朋友那段知心知意的友情，也可能是爱人给你的某个惊喜……只要你情真意切，写出来的故事便一定是美的，让人感动的。

用电脑的手

写作的过程，可以说是一个回忆的过程，也可以说是一次重新经历的过程。也正由于是重新那，你便变换了身份，不再是故事里的主角，而成了一个旁观者，就像电影院里的观众。当局者迷，旁观者清。当时很多想不通的事，现在却是豁然开朗；当时以为迈不过的坎，现在却是柳暗花明；当时那些不理解的人，现在却体会到了爱之深责之切的用心良苦。你又何尝只是在重现那段故事，分明是在进行一次新的演绎。

有时候，你会觉得写不下去了，可能是因为有太多的外事外物打扰，也可能是因为思维的一时堵塞。这时，身边的家人和朋友便是你最大的支持。他们会很乐意替你处理那些事情，也会很真心地聆听你的倾诉。他们会是你的灵感之泉，是你继续写下去的动力。到最后你会发现，你不只是完成了一个故事，还促进了与家人朋友之间的相互理解和关爱。

故事写完了，让最感动你的那个人成为第一个读者，让他知道你的感激和喜欢。并且虚心听取他的意见，以作者和读者的身份去对待你们此时的关系，客观地接受批评和赞许，然后对文字进行修改，精益求精。

把自己最感动的事变成文字，无疑是最美好的纪念。

# 20

## 露营醒来的美好清晨

    被生活所累的我们，往往在麻木的日子中忘却了自己身处的世界。那些仰望夜空数星星的日子，在柔嫩的草间寻觅萤火虫的日子，举着烤红薯嬉戏追逐的日子，听着虫鸣安然入睡的日子——这些快乐的时刻渐渐被都市的喧嚣与霓虹所掩盖。

    随着工业社会的发达，人们的社会分工日趋细化，导致工作单调，而都市集中化又致使生活空间狭小又嘈杂。同时，个人收入增加了，汽车的普及增加了行动与承载量的方便，使得户外活动成为举手之劳，人们的生活方式改变了。在各种条件都成熟的情况下，都市里的人们向着自然环境出发了，跑去野地了，搭起帐篷了——这就是露营。露营的乐趣来自逃脱繁华与自然接触："在漆黑一片的野外，抬头看看星星，听着溪水声，点起篝火，唱首老歌，说些过往的事，真的能暂时忘了平时的烦恼。"

在野外是一个自由的世界，可以尽情享受无拘无束的放松快感。但是，离开了都市，也意味着远离了人们为自己修筑的安全堡垒。大自然在富于情趣的同时也充满了危机，人稍不注意就会受到伤害。所以，寻找安全的营地是首要的任务。

海边露营

露营场地的选择，最关键的三点是排水、风力和地势。如果在选择的地点发现有水流过的痕迹或是积水现象，就应该立即转移，因为这样的地方在下雨的时候会大量积水，甚至会受到大水的袭击。而树木的枝叶偏向一方或地形形成山脊状的地点也应该避免扎营，这些地方经常会被强风吹袭，在此落脚说不定会出现满地追着帐篷跑的滑稽场面。一般来说，最好找寻比较平坦，有美丽的阳光照射着，而且十分方便取水的地方安顿下来。欣赏美景，享受自由的露营生活就可以开始了。

在露营当中，还是要时时刻刻提醒自己注意安全，在玩乐的同时密切注意天气的变化情况。在山沼、山谷地带，要注意水流量和混浊情形，水流的声音也不可以忽视，如发觉异常，应该立刻离开。如果发生落石或土崩，最重要是保持冷静，先确定落石的方向，再选定撤离的方向。打雷的时候绝对不能在草原中的大树下躲避，应该跑到距离树较远的地方蹲下。

在营地自己动手烹调美味食品，多么惬意快乐。食物当然是要选择既营养又好吃的，特别是那些含碳水化合物丰富的，一定要优先考虑。煮食的方法以简为佳，利用简单的烹调器具就可以应付。而事先需要一一处理过的食物最好不要列入菜单。尽量节省用水，而且要考虑饭后收拾是否容易的问题。喜欢食用野菜、野蘑菇的朋友在摘取的时候一定要认真辨认，小心食物中毒。也许可以来一只"叫花鸡"，或是一筒竹筒饭，烤红薯其实也不错啊，大量美食任由君选。

露营一定要注意保暖，最好能带上毛毯之类的御寒物品，还要注意在进食中搭配高热量的食物，比如说巧克力等糖类食物。有人误认为在野外可能会因为太兴奋睡不着觉，其实当你玩了一天之后，美美地睡上一觉有助于恢复体力，在野外清新的空气里还会睡得格外香甜。

# 21

## 骑着单车漫步，感受风的温度

在一个地方待久了，就会觉得疲劳和厌倦。这时候，何不转换一下眼前风景，为自己设定一个时间，骑着单车，肩挎背包，伴着风声，从一个城市抵达另一个城市。

行车的路途上认真地听一回风声，随着蹬车频率的加大，感受风在耳边流动的感觉。把那些该放弃的都丢在路上，该珍惜的，就一直带在身边，装进自己的心里。

当然正如某个广告语所说，"不要忘记沿途的风景"，某个不经意的回首，或许就能看见终生难忘之景。这自然界呈现的画面能让你想起千千万万，能提醒你点点滴滴，你的喜怒，你的哀乐，在逃离现实世界的路途中，都丝毫无须隐瞒，放声大笑或者号啕大哭，都会得到谅解。

在现实之外，你无所顾忌，尽可以安享日出的磅礴，分担夕阳的落魄，聆听春天花开的声音，静享夏日午后的安宁。哪怕是萧瑟的秋，哪怕是严酷的冬，现实之外，你都将不会轻易被抛弃。假面舞会的面具是无用的，泥淖中的挣扎也不再艰难，在你肆意挥霍你的体能、你的汗水时，一路是瞬间闪过的人和景，它们都不会打扰你，你还可以尽情宣泄你的压抑、无助、哀伤、无奈。就这样，一路向前，不论先前是带着什么样的心情，所到之处，必是另一方净土。

自行车道

旅途过程中，一切都可能发生，因此出发之前定要充分考虑所有可能性，并且做足准备以应万变。首先是车的准备，考虑到车的性能和耐力，充足气，带好备用胎，自备常用的修理工具。然后是个人体能的准备，早作打算，多锻炼，在体能最佳的时候出发，并确信自己能够完成目标。当然一些零碎的准备更是重要。食物最好带压缩饼干、少量水果（当然大多能够在路上买到，带好零钱就可以）、巧克力等，不太占行李空间的东西都可多少带一些，以备不时之需。

最容易被忽视但也是最重要的就是药物了。除了少量的必备药之外，考虑到太阳暴晒可能发生中暑、骑车过程中可能擦伤划伤、过量运动可能出现肌肉绷紧过度劳损、出汗过量可能导致手脚无力，最好多带藿香正气水、补液盐，以及各种外伤药膏。这些细节的考虑在紧急的状况下一定会有用。

从一个城市到另一个城市的距离，也许就是两种心情、两种人生的距离。

# 22

## 找到失联已久的朋友

人在一生中会遇到过很多人，走失的人走失了，相逢的人再相逢。而那些丢失的人里，或许就有我们曾经很宝贵的人。

人生每段时期必定有一段不同的生活，也许换了地点、也许换了心情，于是周围的人群也会变得不一样。随着我们的成长，那些能够陪伴的、倾诉的、知心的，也跟着我们的变化而变化着、所以常会感到，在以前和现在的朋友面前，自己总好像是几个不同的角色。年少时嬉笑打闹的玩伴，到沉默后同样安静的朋友，或者是从孩提时候爱玩的同龄人，到长大后同样爱书的知己，变化多多少少总是存在的。观其友，知其人，倒是正道。

所以，实际上当你与一些人渐渐失去联络时，也就同时意味着，你已经与过去的某一个自己脱了节。这时候，你应该想一想，你有了什么样的改变。隔一些岁月，每个人不论曾经是否关联的人，都在各自的轨道里不断发生着变化，有些人能说到一块，有些人则渐渐分道扬镳，不再往来。

这时候，你翻起通讯录，也许看到某个久违的名字，曾经你们也许一起坐在教室里说过些知心的话，曾经也许你们一同唱过歌、流过泪、开过玩笑，只是这些年没有联络，想着，不知道他过得好不好。那么就用你的方式发个短信，或者打个电话，哪怕只是一封邮件、一条留言，问声好、见个面、聊会儿天也好。

不要去等待别人主动联系你，也不用多在意是否会碰壁。这一回联络也许是激动不已的唠叨，互相倾诉这些年发生的苦与乐，一同回忆过去点点滴滴的欢笑和哀愁，也可能是不愉快的相遇，发觉彼此都变成对方不喜欢的样子，言谈举止，都没了过去的默契。那么，道不同不相为谋，也不用失落，道了别便是。你要知道时间似一把利剑，将每个人削刻成不同的形态，有的变得尖锐，有的被变圆滑，不用指责、不用失望，只是时光的过失。这样想，也就安然。

# 23

## 开车无意间遇到故地重游

　　回忆是具体的，一件具体的事，发生在过去的某个具体的时间、具体的地点。事情已经过去，时间已经改变，也许唯独只有那个地方，还如往昔。

　　有一种美好，永远停留在过去的某一个地方，因为已然逝去而弥足珍贵，因为怀念而更加难忘。过去的已经无法回头，但也许还可以循着曾经的足迹，寻找回忆的斑点，在心里久久珍藏。

　　故地重游，不是为了沉迷过去，而是让过去的欢笑和快乐重新充盈心间，体味生活的美好与幸福，尤其当你感觉到生活的苦闷和无奈的时候，故地重游，总会勾起你对往事美好的怀念，那些曾经的故事总会激起你找回幸福与快乐的信心和勇气。

　　如果当心爱的人已不再身边，故地重游，循着记忆的足迹，找回的是过去的那种感觉，它还一如昨昔那般美好。失去了，是让你现在更懂得珍惜身边拥有的，不要让今天的遗憾在明天重演，为了你在乎的人，珍惜过好你眼前的每一天。

优美的庭院

　　每个人都会有安安静静追忆往事的时刻，傍晚我们坐在书桌边冥想，手边一杯香茗，我们彻底放松下来。想起当年的自己和与自己相关的人们，这种感觉就好像傍晚时分偶然抬头望月，月光偷偷窜进你的视线，虽不刺眼，但却拨乱了你的心弦。所以，再次重游故地，其实就是想要告诉自己有些事无法逃避，必须勇敢面对，也许你曾经犯下过错，才让美好溜走。但不要因为这些事过多地纠结和追悔，当美好在心中重新演绎的时候，仔细想想你错在哪里，你该如何去纠正和弥补。勇敢面对，积极更新你的人生，认错改错不是让你把过往的痛苦久久在心里缠绕，是让过去点燃今天行进的路灯，而已经逝去的就放下，轻装上阵，你会比昨天走得更好。

　　故地重游是一种怀旧，但不是为了感伤，而是为了寻找过去的美好，为了让自己更加懂得珍惜，也为了自己能够以新的姿态面对未来。

# 24
## 进行一场没有目的地的旅行

如今现代化的建筑物除了高度增加之外，美感、艺术感均急剧下降。行走在钢筋水泥之间，东南西北都被或圆或方的盒子一样的房子围堵着，渺小的我们站在中间，有一种四面楚歌、孤立无援的味道。城市的天空是灰色的、死气沉沉的，没有千变万化的流云，也没有自由自在的飞鸟。

我们住在一个满是盒子的世界里，就像漫画人物张小盒说的那样，"办公楼是盒子，办公室也是盒子，家也是盒子，车、电梯、文件、桌子、椅子、书等等一切一切都是盒子，一个盒子套着一个盒子"，"每一个人都在一个又一个盒子里生存、移动"，到头来，心也被装进了一个又一个狭小拥挤的盒子，最后，终于人也变成了盒子。盒子就是束缚，告诉你那些方向是不能走的，告诉你你的空间只是这么一丁点儿大的，告诉你你的头上是压着千斤顶的。你想变成盒子吗？你是否也快要变成一个盒子了？

趁着我们还年轻，趁着我们还没有麻木，期待经历一次没有目的地的旅行。把它当成一次冲动的逃跑也好，放飞也罢，总之要让身心重获自由。既然想要体会身心的自由，那这次旅行就不要去管到达哪个目的地，没有非到不可的地方，没有非看不可的风景，也没有非做不可的事。到了某个地方，看到车窗外那蓝得似海的天空下绿草如茵、繁花似锦，你想下车了就可以下车。你会发现这个地方是偶然发现的惊喜，有着正合你心意的亲切表情。再也没有无处不在的盒子，自由的灵魂激动得就像那匹驰骋在草地上的骏马，要冲破你的胸膛。

这是一次完美的邂逅。没有事先深思熟虑的计划，也没有必要去担心以后的结果。享受此刻，才是你对大自然最好的报答。而且，在这个不是目的地的地方，你可以有好多时间去慢慢邂逅它内心深处的浪漫，比如那儿的人、那儿的歌、那儿的美食、那儿的温情。灵魂的翅膀是任何东西都不能绑住的。你终于明白了自由的重要，终于懂得了要怎么保护自己独立的人格。让自己在此刻寄情于山水之间，翱翔于九天之外。

# 25
## 在鸟鸣花香中醒来

在鸟鸣花香中醒来，无疑是一天最美好的开始。走到阳台，看看初升的太阳，闻一闻沁人的花香，摸一摸娇翠的植物，让人瞬间心旷神怡，心情也会变得愉快。

你知道吗？花原来也是懂得蜜语甜言的。花开的那一瞬间，既迫不及待，又羞羞答答。那花开的声音是如此轻柔，轻柔到只有最心爱的人全神贯注才能听得到。一如莲花诉说的心事："我，是一朵盛开的夏荷，多希望，你能看见现在的我。风霜还不曾来侵蚀，秋雨还未滴落，青涩的季节又已离我远去，我已亭亭，不忧，亦不惧。现在，正是最美丽的时刻。重门却已深锁。在芬芳的笑靥之后，谁人知我莲的心事。无缘的你啊，不是来得太早，就是太迟。"（席慕容《莲的心事》）我们谁都不想错过生命中的美好，太迟或者太早，都会错过花开的季节。那么就在阳台上仔细呵护内心的美好，把幸福留在自己身旁。

　　走过去，嗅一嗅那绽放的花蕾或者舒展的叶，就当是对它们的亲吻。花草都是有灵性的，它们能感受到你的爱护，而它们将要回报给你的是满心的芬芳，那些香是可以宁神的。正如书中说的那样："或许香的宁神，正如同幽幽钟鼓之于耳，一沁佳茗之于口，一轮初日之于目，由于它是如此的丰富却又邈远，占据了我的嗅觉，吸引了原来容易旁骛的注意力，所以能够带来宁静。"

清晨的花

　　花的香气原是有着很多种的。"譬如冷香，常是属于夜的。晚香玉、姜花、昙花和铃兰，都是冷香。带着那么一抹幽寒，冷冷地袭来，中人欲醉，却又醉得冷洌怡神。至于暖香，则有玫瑰、玉兰、含笑之类，常是属于日的……那香是暖暖的、丰实的、华丽的、开朗的，即或浓郁，也不令人昏醉。"不要以为只有盛开的花才有这怡人怡情的香味，那绿油油的细草也有着属于草的轻柔幽香——"细草香闲"。细草的香，是淡淡的慵懒，是与世无争的云淡风轻。

就让这花的芬芳、草的鲜香给我们的心灵来一次沐浴，洗去世俗的臭味，留下这来自自然而源于内心的芳香。

在阳台上栽花种草，美的不只是自己的屋子，还有每天起床后的心情。就这样让自己在花草的陪伴下静静地感受岁月的美好。

# 26
## 对方听到"我爱你"时露出惊喜

"我爱你"这三个字是最热烈，也是最直接的情感表达。这三个字在很多初涉爱河的人心中都很神圣，对于初识的恋人，想说却不敢或不好意思说出口，没能及时表达自己的爱意，而一经岁月的洗礼，时光匆匆而过时，爱情的浪漫却悄然在生活中渐渐褪去，换来的也许是疲惫麻木，也许是对幸福的迷失。当多年后的你，在遥想你们初识的那段时光，会不会在脸上浮现当年恋爱时羞涩腼腆的微笑，是不是应该把早没说出口的那句"我爱你"在多年后赠予她？

或许多年后的今天，你觉得已经没有这个必要，也许是你太过忙碌而忘了还有这三个字，也许你觉得已经说过的话再说一遍没有这个必要，也许你觉得用行动来表示更有意义。但是，"我爱你"这三个字是经久不衰的示爱箴言，没有人会拒绝。当你真诚地说出口的时候，听的人心里也会深受触动。

今天，何不找个合适的时机，不用怎样刻意制造气氛，清晨睁开双眼，对着睡眼惺忪的爱人轻轻说出来，或者上班临出门之前，也可以抓住某个瞬间，在他耳边轻轻呢喃一句，你一定会看到对方眼中的惊喜和兴奋，你也因此会快乐一整天。你们的关系也会因此有了新鲜的色彩。只是三个字，却可以让两人的生活发生很大的变化，也许你想都想不到。如果找不到合适的机会向你想示爱的人送上这句"我爱你"，那么就找个时间把自己的想法写下来让他看到。曾有过这样一对情侣，他们分隔两地，除了平常电话里的及时问候，剩下的时间里，只要一有空，他们就会用信件的方式互诉衷肠——"今夜我就会把这封信寄出，包括寄出我的诺言，我爱你，不长，就一生……"

# 27

## 悄然等到一朵花的绽放

"爱上一个认真的消遣，用一朵花开的时间"，林夕的词写出了花开诗一样的美妙。每年春天一到，我们就可以看到满世界的花，瞬间开出五彩的颜色来。到了夏天，一切便又似乎突然消逝了，不留一点痕迹，那之前的生气勃勃就被渐渐遗忘了。一棵开花植物的存在，似乎就为了那么一瞬间的开放，然后消亡。正所谓"花开易见，花落难寻"，生命的过程何等短暂，绽放的瞬间却是何等绚烂，殊不知这背后力量之厚重。

盛放一次，凋落一次，中间的过程就那么长，但生命的每一次存在都因付出了巨大的努力，最终方可开出绚烂的花。日照之下忍受炎热，暴雨之中忍受击打，生命仍旧在一切恶劣的环境中破茧而出，这怎能不令人敬畏呢？如果你的生命只有那么短短几十天，你是不是也会拼命抓住最后的机会去尽情绽放呢？

找一朵春天开的花，看看寒冬过后，它是如何看着融冰，听着暖风的声音，一点一点挣脱冬的冰封；找一朵冬天开的花，看看在漫天大雪中，它是如何和着呼啸的风声，伴着惨白的大地，一日一日，开出雪地里最鲜艳的颜色。

　　快节奏的生活中，我们不经意抬头，看见枝丫上又悬上了新的颜色，可以欣喜地享受着这自然的慷慨馈赠。也可以买上一盆花，摆在阳台上，等它开花，看它凋谢，然后等第二个花期的到来。看到枝丫上的花，圈上日期，来年的这个时候，等着，一天一天经过的时候，看看它的变化，见证它的成长。阳台上的花，等下个花期到来时，每天起床的时候，蹲在它面前小心观察，守着它从花苞渐渐盛开。

　　当然，如果你爱花，何妨熬上一夜，看看昙花一现的情状，听听那短暂生命的声音。越是短暂的生命，越是厚积薄发，将无尽芳华留予那真正的一瞬间，稍后便逝，如同从未盛开过一样。想必，那绽放的过程，就是动人心魂吧。

　　所谓生命的厚重感看似轻飘不定，转瞬即逝，实则一切力量，皆会聚在那一瞬，只盛放一次，就足够绚烂。让我们静候一朵花开的时刻，去见证这种生命绽放的灿烂。

# 28

## 和爱人一起准备"烛光晚餐"

人生中有很多纪念日。但对于相爱的人尤其是处于热恋中的人来讲，在一起的每个纪念日都是值得庆祝的，每个纪念日对于深爱彼此的情侣永远都有意义，永远都值得用心去铭记。

很多情侣都会选择去西餐店度过纪念日，有烛光、红酒、柔美的音乐，好像只有这样才能算得上浪漫，其实烛光晚餐在哪里进行都可以，家中，甚至是郊外，只要你们愿意，心情和情调是不变的，地点又怎么会永远约定俗成呢？对于如此深爱的两个人，在一起做什么都会是幸福和甜蜜的。如果两个人一起在家做一顿烛光晚餐，然后享受共同的劳动成果。对于恋人来说也是一件非常甜蜜的事。这种感觉就像真正在一起生活，也会给你们的回忆增添不少温馨的画面。

其实在家做西餐，也不像我们想象中那么复杂。彼此商量，考虑一下做什么食物比较好，怎样搭配。两人可以各自拿出自己的绝活，为对方做自己最拿手的菜。如果你们有兴趣，可以尝试着做一些从没试过的新菜，既可以是从各式各样的菜谱上学来的，也可以是自创的，有两人的合作和努力，一起尝试一种新东西，然后一起享受，会是件特别浪漫和新奇的事。

二人餐桌

也许有一个人从未下过厨，那么打打下手也可以，或者在旁边静静地看着爱人忙碌的样子，也是一种幸福。在这个过程你会发现原来自己的爱人是那样的能干或体贴，这样的过程也可以考验和培养你们的默契程度，对于你们关系的拓展也许会是一个新的契机。

烛光晚餐要伴随着轻松且两人都喜欢的音乐，伴随着鲜花、烛光、红酒，你们在忙碌半天之后，终于可以安静地坐下品一杯甘醇的红酒，在烛光的映衬下，两人四目相对，此时什么都不必多说，一切都那么恰到好处。这是你们自己的劳动成果，更是属于两个人的浪漫的纪念日。

# 29

## 当老爸老妈喝上你煲的汤

为家人煲一锅汤，然后坐在一起享用。这本身就是一件温暖又温馨的事情。

喝汤除了能滋养人体健康外，亦可让人变美，如有的汤可润肤养颜、抗皱保湿、增白莹面；有的汤可生发乌发、润发香发；有的汤可生眉扶睫、荣唇丰口、洁龈牢牙、健鼻护耳；有的汤甚至可丰形健身、香身除臭。总之，美容离不开喝汤，这是最快捷的美容方法，尤其是在秋冬季节，喝汤能最快地补充人体皮肤所需要的水分，而水是养颜护肤最不可或缺的。

煲汤以选择质地细腻的砂锅为宜，但劣质砂锅的瓷釉中含有少量铅，煮酸性食物时容易溶解出来，有害健康。内壁洁白的陶锅也很好用。

煲一锅什么汤，选择什么材料，这就要看你需要在哪方面进补。有很多美容食谱对这种美容汤都有介绍，或者你可以去请教在这方面比较有心得的朋友。煲汤的材料可能会比较复杂，倒不是因为材料稀罕，而是可能种类比较繁多，没有现成的已经料理好的材料，需要自己一样一样地去采购。不要因为偷懒就自行减去某样材料，多花点心思，多跑几家药材或者食品店。

买回材料，按照食谱耐心熬汤，不可偷工减料，很多汤必须火候够了，功效才到。

汤煲好后，准备好餐具，请老爸老妈和你一起品尝你的劳动成果，等待收获一份惊喜和满足吧！

为爱付出，不在于多么轰轰烈烈，只在于生活的点滴。因为体贴，所以感动。也因为这种细微的在乎，所以显得特别幸福，比如煲一锅靓汤给所有你爱的人，把甜蜜赠予他们，你会越发觉得生活美好，就像这锅香浓的汤，散发着温暖的香气。

# 30
# 收到满意的体检报告时

美国作家爱默生说过，"健康是智慧的条件，是愉快的标志"。健康其实就是一种自由，有了健康的体魄我们可以做很多事情，包括从事自己喜欢的职业。所以，我们可以失去金钱、地位，但是只要有健康在，就是"留得青山在，不怕没柴烧"。

健康饮食

可是，偏偏有很多人在乎名在乎利，却唯独不在乎健康。当自己身强体壮的时候，每个人都不认为自己也会有生病的一天。每天清晨我们睁开双眼，可以看到明亮的阳光、蔚蓝的天空、盛开的花朵，这时我们永远也不会去想象，假如有一天自己失去了光明，将如何面对无数个黑暗的日日夜夜，所以我们不懂得爱惜自己的眼睛。当我们可以尽情地享受自己喜爱的美食，大快朵颐的时候，永远也不会明白如果自己的肠胃生病了，疼痛如绞，想吃什么而不能吃时，该是多么的痛苦，所以我们很多人经常不吃早饭，或者暴饮暴食。只有在生病的时候，我们才会想到健康对我们来说是多么的弥足珍贵。与其在我们失去健康的时候遭受身体和心灵的双重折磨，不如在自己尚且健康时做好预防，为自己的身体保驾护航。定期去医院做个检查，既可以了解自己的身体状况，又可以在疾病刚刚出现时及时治疗。

　　坚持健康的生活方式，定期去医院为自己做个检查，这也是获得幸福的一种方式。

# 31

## 知己之间那长长的、惬意的相伴

　　生活中有开心有不开心，人的情绪也总是千变万化。我们的情绪是主导身心的重要部分，一个乐观积极的人，其工作效率和生活激情大多要比悲观主义者高得多。也就是说，在消极情绪占了主导，或是内心太过于沉重的情况下，肢体也会做出消极倦怠的反应，头脑亦会沉溺在不理智的思维之中。

　　因此我们需要知己。所谓知己，就是能够让你放下防备，向其倾诉内心的人。不幸的是，因为繁重的工作，紧凑的时间表，步履匆忙，哪怕是有幸结交到知己的人，也往往不能腾出时间深聊几句。我们就如被笼子困住的鸟，大多数人所生活的空间从公车、地铁，到办公室、教室，再到寝室，都如同一个个有棱有角的盒子，我们局限于各种大小的盒子里，怎么会感到自在呢？再加上周围的人群，与你真正知心的能够找出几个来呢？

太过繁忙的生活将自己驯化成为一个机械式的人，坐在堆叠的工作中以最高的效率运转，暂时逼退消极面的自己。可是，试想一个气球在充气的过程中，它可以用一用力，撑大，撑大，撑大，接受包容那些外界的气体，将它们装起来，储存在自己有限的空间里。可是到最后，当内部的压强最终大过了外界时，它还是会爆裂。当人的情绪累积成不能忍受的烦躁情绪时，也会发作、爆裂。

因此，每隔一段时间要给自己一个"任性"的机会，好好与自己认定的知己聚一次，当然，只有那些你认定的真正知己，才是你倾诉的对象。有了郁郁寡欢的情绪，烦恼揪心的事情，不知所措的疑问，只有真正信赖的人，才能给你真正的安慰与帮助。在和他聊天时，你可以将这段时间的疑惑、构想、不安，都倾倒出来，并在与对方的谈话中了解对方的生活、状态，珍惜和关心重要的友人、知己，并从他的身上，吸收自己可以尝试的想法，学习能够汲取的经验教训，不断完善、肯定自己。把自己的不良情绪全都消耗，让自己轻松地面对明天、面对生活。

# 32
## 只有你一人在乡下的珍稀时刻

　　现代人内心渴望洒脱，却被诸多的人、事、物，甚至被自己束缚着；希望有属于自己的时间和空间，却被大量的工作以及过快的生活节奏挤占着；期望发现生活中大大小小的乐趣，却被沉重的精神压力蒙蔽了双眼。大家每天考虑的东西，更多的是怎样才能多赚钱，何时才能买上房子，怎样给父母和子女更好的照顾……满足自己的物质需求、权力欲望、名誉虚荣等等，却偏偏忘记了最重要和最需要滋养的东西，那就是自己的内心。

　　陶渊明的一首《归去来兮辞》从东晋流传至今，经久不衰，写出了包括陶渊明在内的人们渴望归隐田园、遗世独立的梦想。想想看，你有多久没有给自己的身体放假了，又有多久没有和自己的内心坦诚相待了？只是一味地追求功名利禄，忽视了自己的内心世界。到头来，功名利禄如同过眼云烟一般消散，而你更惨痛的代价是迷失了自我。所以，你不妨换个环境，到乡下去住一段时间，在那个远离城市喧嚣的地方，悠闲地和自己的内心说说话，以更好地了解自己、保持自我。去乡下，是希望你能体验到另外一种生活，体会到另外一种心境。如果你本来就住在安宁淡然的乡村，相比较城市的嘈杂，你一定更热爱自己的家乡，不要总以为只有在大城市里才能淘到你想要的"金"，而事实上，围城里的人早就想换一种生活方式，他们也希望找一个清静的地方，过一种悠然自得的生活。

古老的村庄

乡下的生活有着大自然慷慨赐予的美丽。只要我们稍加对比，就会惊喜地发现它比城市生活有着更闲适、更舒缓的情怀。仅仅一天，你就会知道它是多么值得你去享受一次。在城市里的早晨，很多人为了多睡一会儿都会牺牲掉宝贵的早餐时间，匆匆洗漱后就挤进水泄不通的公交或者地铁，把自己封闭在那盒子一样的小空间里。可是住在乡下，你将在鸟鸣莺啼的婉转声中醒来，可以懒懒地躺在床上，带着轻松自在的心情欣喜地迎接那缓缓升起的朝阳。城市里的夏日午后，我们不得不把自己关在有空调的小房间里，在人造的凉爽环境里一边继续埋头工作，一边制造着破坏环境的有害物质。但是在乡下，你就可以邀上三五好友，一起到清幽的树林里去散散步聊聊天。树林里的气候不仅是凉爽的，还带着源于绿色生命的怡人清香。那一刻，最美的事情莫过于躺在绿油油的草地上，在清风的爱抚下，享受午后小憩的悠然自得。宁静的乡村会在黑暗中把白天的浮华躁动自然消解，使人的心慢慢沉淀下来，让你可以细细地去品味那布满星星的夜空中星罗棋布的故事，那些来自纯真童年的故事。

在乡下这段悠闲的时光里，你可以让自己暂时失去记忆，什么都不去想。去乡下品味一段闲适的生活，让自己放慢生活的脚步，放下内心的包袱，让自己的内心享受这难得的轻松和自在，展现这一刻最真实的自我。等到再次走进都市的时候，自己还能保持那份轻松自在的心情。

# 33

## 整理老照片时的安详感觉

独自一人的时候，常常会把自己的旧日记翻出来，看看曾经写下的心情。这是我们很多人都会有的怀旧情绪。昨天刚看完旧日记，那今天就来看看旧照片吧。告诉自己，这两天属于回忆。如果日记是一种文字的记忆，用语言描绘曾经的你，那么，照片便是一种影像的记忆，用最直观的视觉冲击刻画你成长的痕迹。

翻看这些旧照片，会让你有些光阴似箭的感觉，看着相册里不同时期的自己，心态也会迥然不同。

首先看看孩提时候的影像，对于大多数人来说，那些照片基本上都映在了一张张黑白相间的框子里。看着童年时候的可爱模样，是不是才能完全体会自己成长所付出的代价与辛酸，也忆起了儿时的快乐和纯真？然后，再翻看我们的少年时代、青年时代、中年时代……这些旧时的影像把你从少年成长为青年、从青年步入中年，也许还有中年步入老年的过程记录得一清二楚，包括你人生中任何一个"第一次"，带着缅怀的心情去纪念过往的情景，人生是一张单程票，过去了就不会再来。

这些旧照片，也许还有你和其他人的合影。温习一遍自己曾做过的鬼脸，回顾一下当时旧照片上父母年轻的面孔，你会发现人生最甜蜜的时刻就在那时。父母见证了我们的成长，我们却在一天天地见证父母的老去。偶尔看着照片里人物表情的转变、容貌的改变，世事沧桑与人情冷暖尽在其间。突然想到这句"年年岁岁花相似，岁岁年年人不同"，也许这就是那些合影照片最贴切的旁白。

一张张旧照片，或黑白或彩色，或开心或愁苦，把不同的时光和人物定格在了瞬间。想想多年来的经历是千千万，明白忘记的事情是万万千，幸亏有这些旧照片，忠实地记录下了那些零星的岁月，也让我们永远保藏了那段珍贵的记忆，那段难忘的时光。

# 34

## 产房外听到新生儿的第一声啼哭

　　有人说婴儿的第一声啼哭是世界上最美好的声音之一。生命再美，也美不过起始的那一刹那。一个孕育了十个月的生命，就是在这一声响亮的啼哭中宣告他降临到了人间。这声啼哭饱含着生命的力量，让人无限地感慨和激动。

　　在产房外倾听婴儿的第一声啼哭。在等待的过程中，你焦虑不安、担心不已，当嘹亮的哭声响起的时候，你热泪盈眶。伴随着这一声啼哭，两个人的小家变成三个人，初为人父人母担起了抚育一个生命的责任。

　　在父母的眼中，自己的孩子是最漂亮，也是最可爱的。你的人生中，终会为那么一个人的到来而惊喜、而激动，听着他响亮的像是在宣告自己来到世上的第一声啼哭，你的眼里一定充满着无限的关爱与柔情；你心疼他的第一次跌倒，可是心里清楚地知道，疼痛是学会依靠自己的力量行走奔跑而必须付出的代价；你永远记得他的第一声爸爸或者妈妈，他好似天使的笑脸在你有些湿润的眼眸里，是如此动人。

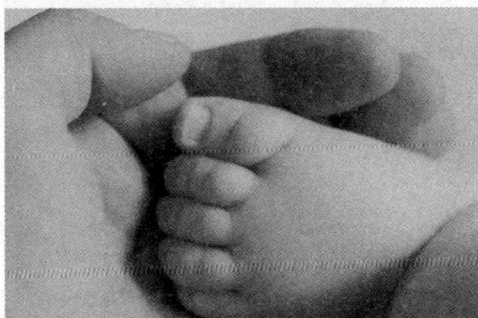
小脚丫

长大后，你会望着他第一次独自一人上学的背影，你总是会在他的背后默默"注视"着，如果是个男孩子，你会教给他勇敢，会告诉他真的男人除了聪明有能力，还应该情深义重；你会记得他的第一张奖状，并记得当时自己看到那张奖状时的喜悦和得意；记得送他去上大学的那个飞机场，你所有的不舍和嘱托都化成了一个坚定的眼神，告诉他做父母的不舍和骄傲。

你要告诉孩子的是你对他们的期望，还有你成长的经历，比如你曾做过什么错误的决定，让他不至于将来犯同样的错误。你要教导孩子如果将来谈了感情，要好好认真对待彼此，但是如若有一天，感情已不再像从前那样，就洒脱一点放开手，因为有人的地方一定会有变动，这是很自然的事情，要坦然接受和面对。

无论为人父母有多辛苦，你都知道，你对宝贝的爱前世就已经注定，延续到了今时今日。

# 35
## 发现自己种的树明显长高了

　　一棵小树、一盆花，都是需要自然的滋润或人的照料，才能维持勃勃生机，长成绿荫，开出灿烂的花朵。人也是这么长大的，有人呵护，有人照料，然后勇敢地依靠想要成长的决心，破土而出，奋力长大。

　　如果你也想看着一株植物渐渐地成长，并且在自己的悉心照料下茁壮成材，那么，你可以买一株小树苗，找一块地，以自己的名义小心种下。每日为它浇水施肥，还可以每日为它记几笔成长日志：长高，抽出新芽，出现绿叶，根枝变壮，每一个细节都不要错过。这样每一次成长中出现的新的变化，会让作为主人的你感到欣喜和快乐。

　　一段时间过后，翻看每日记录的日志，回顾每一天悉心呵护的心情，骄傲地看生命的生根、茁壮、繁盛。当我们对一件事物投入全心的关注，就会察觉它每一刻的细微变化，留意它逐渐发展的过程。这归属于自己的生命，随着自己的生命旅程一同前行，就像是我们本身的一部分，浇灌它的不仅是水、养分，更有我们内心最真诚的呵护。

多年后自家后院的一抹清凉若是自己亲手栽培、细心关照而来，这是一件很有成就感的事情。你会回忆起多年前你兴冲冲买了一株幼嫩的树苗，小心翼翼植入土里、浇上水、施了肥，满怀期待地等着它长大；多年后你已经看了它那么长的日子，你眼里满是对它的爱怜。这些年你也许曾经想过放弃，也许曾经觉得疲惫，但看那逐渐粗壮的树干和嫩绿的叶片，你的内心又是无限满足。

种一棵树，不仅仅是生活的小情趣而已，更饱含了一份责任和对生命的崇敬。当你以自己的名义将它的生命与你紧密联系时，就注定不能放弃它。春天来了，它奋力生长；夏天来了，它奋力繁盛；秋天来了，它落了一地黄叶；冬天来了，你奋力为它防冻，让它安然度过严寒。你眼看着它那样努力地盛放它生命的激情，会觉得牵动你的不仅是那绿叶，更是生命之躯的伟岸。让一个鲜活的生命在自己的照看下成长，仿佛自己的生命也注入了不一样的意义。你会更加地热爱生命，因为你的生命在另一个生命中也延续着勃勃生机。

# 36
## 把电脑从内到外清理了一遍

电脑从诞生之日起，到现在经历了无数次的更新换代，变得越来越轻便快捷、功能多样。如今，电脑已经成为了我们工作和生活中非常重要的一部分，如果哪一天电脑出现了问题，其后果也会不堪设想。就拿10年前一名菲律宾学生研制出的病毒"爱虫"来说，它攻击电脑系统，使得电脑瘫痪，造成的损失高达100亿美元。我们的很多资料，包括工作、学习、生活等各方面的资料都存在电脑里面，一旦丢失，失去的不仅是信息，还有很多具有精神价值的东西。这方面的损失又是无法用金钱来衡量的。所以，保持电脑的健康，从内到外清理一次，真的很有必要。

要清理电脑，大家首先想到的一定是清理电脑软件方面的内容，以维护系统的健康安全。这方面的工作其实都不用我们人为操作，只需要在网上下载一些相关的软件就可以了，比如电脑优化大师、杀毒软件，等等。只要定期进行杀毒、清理垃圾文件等工作，一般来说，就可以保证电脑的安全。

而清理电脑外部则是比较需要时间和细心的。在清理前，需要准备好相关的工具，比如灰尘清洁刷、专用清洁剂之类的东西。清理时，注意做好拔掉电源、手上不要有水等细节工作就可以了。这本来就不是什么高难度的技术活，我们自己在家里就可以很容易地完成，只要稍微有点耐心，再小心一点就足以保持电脑外部的清洁美观。

清理后的电脑

定期从内到外地清理电脑，既可以提高电脑的运行效率，让我们可以更高效地进行工作和学习，也有助于培养我们做事有条理的好习惯。我们不但要定期清理电脑，还要定期清理自己的办公桌、书桌等地方。把不需要的东西都扔掉，需要的东西进行不同的归类，这样在我们要找什么东西的时候就会非常方便，不但节约了时间和精力，还可以提高工作效率。

定期清理自己的电脑，以及自己手边常用的东西，不仅会保持它们的清洁和良好性能，也会让我们预防不必要的麻烦。更重要的是，我们也会保持一份清洁的心情。

# 37

## 第一次当众表演新学的乐器时

面对世界，每个人都有不同的角度。人们的世界观也是千万种，我们不能简单地评断孰是孰非。内心对世界的理解不同，人们选择的生活方式也不同。

然而，有一点是相同的，就是在我们的内心深处都渴望着一份安宁，一份清净豁达。安宁是内心宽敞明亮，是面对事实的冷静，是人生境界的制高点，似天边的云卷云舒，自然的存在。

很多人为了得到上司和朋友的认可而努力地工作，可是内心的安宁和你的所得无关，这样得到的不是真正的安宁；也有很多人弃世绝尘逃离世俗，为了避开尘世的烦恼，其实我们内心的安宁不是刻意寻求得来的，这样得到的也不是真正的安宁。当一个人活着不再是为了得到而是为了给予时，他得到的是内心的安宁；当一个人真正走进艺术时，他得到的安宁才是真正的安宁。为了给予活着是一种长期修炼的结果，而走进艺术则是可以特意为之，不管我们最后能否像艺术大师那样拥抱艺术，但我们至少可以寻找到一个看世界的新角度。

吉他

所以，在闲暇的时间自学一门乐器，不但可以诗意地打发时间，也能让我们在寻找艺术之门时，找到一个看世界的新角度。学乐器，不需要数字的计算，也不需要语言的狡辩，"琵琶弦上说相思"，人的情绪是随着乐器发出的音律在指尖或唇边萦绕的，无论是十指连心还是心由口出，内心的不平静就在那余音缭绕间平息下去。

音乐可以改变人生。而自己弹奏出的音乐，不仅诉说着我们的心境，也抒发着我们的感情。这样的音乐，是从我们心里流淌出来的，是我们心底最真实的声音。

# 38
## 伸展四肢躺在甲板上

人生有如风云变幻的天空，一时阳光灿烂，白云悠悠；一时乌云密布，电闪雷鸣，风狂雨暴，总是有喜有悲、有聚有散、有乐有苦、有得有失、有沉有浮、有爱有恨、有生有死……

而失意是这漫漫人生乐章中不能缺席的一节，它是命运之神洒向人间的试金石，试炼的是每个人的信念与意志。睿智的人能够在这试炼中参透失意，诗意地生活，或者发现辉煌人生的密码，从而走向成功，而愚钝的人则沉在其中，溺水而亡。

如果你想冲破这失意对自己心灵的创伤与束缚，体验一种冲破一切的豁达与广阔，你可以乘着船远行，当船开到海中央后，让载着你的船在海中央漂流一会儿，这时你的四周全都是海，无边无际，你可以凭栏眺望海与天的尽头，置身其中的你会突然有一种奇妙的感觉，海的蓝色正漠视你的楚楚衣冠，把你彻底还原成一个原始的人。

有人曾经说过，没有看过海的人生是不完整的，其实任何一种缺少体验的人生都会显得很苍白无光。不妨扬帆远航一次，把你的视野拉长，让你的心胸更宽广，体验一下这种独一无二的有点梦幻的感觉，让你惊喜，让你害怕，让你因它的多变而着迷，因它的雄浑而向往。这样的一次经历，让你有时间去冥想，有空闲去体味，有激情去迷恋。

赶快搭上属于你的观海专线吧，到海中央去感受无边浩渺的大海带给我们的无尽魅力，你可以去看日出，也可以伴着余晖，躺在甲板上，披星戴月地遥望月亮上的神仙，就这样漂在海中央。如果你运气够好的话，还可以看到海面上跃起的海豚和鲸鱼，也可能在你的航程中会遇到许多艰难险阻，但最终你都能克服过来，这真是难得的一次磨砺身心的机会。它会使你变得更加坚定与勇敢，重新燃起对生命的渴求与信念。

# 39
## 对自己不喜欢的事情说"不"

生活中有太多无奈的事。有时候，父母会强迫我们做一些自己不喜欢的事情，比如选择什么样的职业；有时候，朋友会勉强我们做一些内心不愿意的事情，比如要在一定程度上牺牲自己的原则来帮他们某个忙；有时候，老板也会迫使我们做很多令我们无奈的事情，比如周末放弃陪在家人身边的时间去公司加班。大多数人都学会了接受，无条件地、不做任何选择地接受。谁是你生命中最难以拒绝的人，家人、朋友还是你的上司？当他们提出各种各样要求的时候，你是不是宁愿委屈自己，宁愿让自己身心疲累，也要满足他们的要求？可是，生活说到底是自己对自己负责。爱的对象除了他人，还有自己。每个人都有获得幸福的权利，你也有，当某些人已经成为你获得幸福的严重障碍时，不妨改变一下一直以来全盘接受的做法，学会说一个"不"字。

　　从小到大父母老师都教育我们要热情善良、乐于助人、舍己为人，还要学会服从、学会接受、学会忍耐。是的，这些是一个人应该具备的优良品质，但是它们不该成为我们丢失自我以及失去幸福的原因。我们每个人都应该有自己的选择和底线，一个人云亦云、别人让做什么就做什么的人，真的很难体会到成功的滋味，因为他总是在为别人的事情忙碌，总是因为别人的选择而改变自己前进的方向。对那些最难以拒绝的人说"不"，不是要你变得自私自利或者斤斤计较，只是希望你能让自己的生活属于自己，你依旧是那个热情善良、舍己为人的人。

独坐

　　其实，学会对最难以拒绝的人说不，也是要我们学会如何对生活说不，这其中需要我们的勇气和智慧。那些关于金钱、权力、地位的诱惑，那些违背真实、善良、美丽的人和事物，都应该被我们拒绝。我们要的只是一段由自己来定义的生活，多多加以保留的应该是生命中的美好。

我们要享受生命的赐予，也要学会拒绝生活的附加，从肩膀上卸下那些多余的东西，让自己在生命的旅途中，可以抬起头来，享受蓝天、享受原野、享受最自在的呼吸。学会说"不"，学会自己的人生自己做主。

# 40

## 发现清单上的梦想实现了一半

如果我们每一个人都是渴望自由的鱼儿，那么梦想便是供我们自在遨游的浩瀚大海；如果我们每一个人都是天使，那么梦想就是帮助我们飞向天堂的翅膀。没有梦想的人生是不完整的人生，也是不太会幸福的人生。没有欣赏过梦想之路上的荆棘满地、香花遍野，人生会少了很多色彩。因此，即使你没有梦，也要给自己造梦，然后用清单的形式量化你的梦想，为自己的人生描绘出一幅美好的图画。

如何制定一份成功的梦想清单？首先，在制定梦想清单的时候，你不只是要写出自己最终想要实现的结果，还应该明确这个结果的定义，以及制定一个个切实可行的步骤，让梦想在每一个阶段都有可以"量化"的标准，这样既能够鞭策你不半途而废，又能够以已经获得的成绩激励你继续奋斗下去。比如，你的梦想是成为一名成功的律师，那么你就必须明确什么样的律师才能算是成功的，是每年打赢了多少场官司，还是成为一家知名律师事务所的合伙人？

明确了之后，你就得为实现这个梦想制定具体的步骤，比如什么时候通过司法考试，什么时候拿到律师执业证等等。通过这些脚踏实地的努力，你的每一步都更接近最终的梦想。

欣慰

接下来就是行动起来，不要给自己太多理由和借口，你可能会说自己工作很忙，目前没有时间按照清单上的计划来实现梦想，等过一段时间再说吧。可是一段时间过去了，大部分人还是会以同样的借口拖延下去。就这样，明日复明日，梦想就被搁浅了。其实，制定好了梦想清单只是完成了一半，脚踏实地的采取行动才是更重要的另一半。所以，给自己的梦想设定一个期限，不要无限期地拖延下去。比如说，你的梦想很简单，只是想学习如何烘焙可口的点心给家人和爱人品尝，那么就规定一个时间，例如在半年或者一年内去参加培训班也好，在家看书自学也罢，总之在设定的时间里，捧出那一盘凝聚着你爱心和梦想的美味。你会发现，这个为梦想设定的期限，不会成为阻碍你完成梦想的绊脚石，而是你实现梦想的原动力。

然后，你就可以在自己一个一个小梦想的实现过程中，体会人生的快乐了。

# 41

## 美美地享受一顿大餐

味蕾的愉悦不是美食带给我们的唯一享受，其实美食带给我们更大的享受源于心灵。就像《茱莉和茱莉亚》中所讲述的那样，美食成为了人们的一种寄托，表达的是对生活的热爱。即使是一道很简单的菜，只要做的人很认真，做出来的结果就有可能是惊喜。我们就像精心烹调美食那样，精心安排着生活。于是生活也就有了酸甜苦辣，五味杂陈。

找个时间吧，去尽情享受一次自己垂涎已久的美食，当我们端坐在餐桌前。看着每一道菜的颜色，或许金黄，或许雪白……不论怎样的色泽，都好像是从我们心里走出来的颜色。迫不及待地夹了一大口放进嘴里，所有的味道都变成了脸上的表情，先是惊喜，再是满足，然后是回味。

这也许就是人生的一大乐趣了。现代人尤其是女孩子，总是担心吃了以后会长胖，连面对饮食都那么左右为难，一边是身心的愉悦，一边是骨感的虎视眈眈，左思右想，在心里做了很久的思想斗争，弄得自己痛苦不已。最后的结果经常是，宁愿自己饿肚子咽口水，也不敢多吃那一口。这样的人生是不是显得太痛苦太压抑？对美食的渴望源于我们的本能，顺应天性才能给我们的内心带来坦然和幸福，怎么能总是和自己过不去呢？没有必要追求什么骨感，那只是这个时代有些畸形的产物而已，也许到了下一个年代，骨感就会被喜新厌旧的时尚所淘汰。但是对于幸福的追求却是人类历史上亘古不变的主题。

享受食物

因此，追求幸福是天经地义的事情，尽情地享受那令你垂涎了好久的美食吧，于每一口的细细咀嚼中，品味幸福的滋味。

# 42

## 给自己买了一件向往已久的礼物

不知你是否有这样的经历，有段时间特别想买一样东西，却因其昂贵的价格望而却步，最终留下遗憾，偶尔想起时总会心生后悔。其实，人生这样的破费机会并不是很多，偶尔也可以不在乎价格，如果遇到喜欢的东西，就把它买下来，作为送给自己的礼物。

这不是因为我们贪欲太多，如果我们总是因为囊中羞涩，而错过很多自己非常喜欢的东西，久而久之，这就成了一种习惯。也许，有时我们的生活也因此变得越来越无趣和压抑。

人不能总是压抑地活着，有时候也需要一些冲动。特别是女人天生爱漂亮，她们很可能因为看中的是一件衣服，或是一条丝巾，而后想象自己穿戴后美丽的样子，于是欲罢不能。男人更有可能看中的是一款相机，或是一条领带，想象自己拥有后的惬意和潇洒，却也是欲买还休，结果是错过后的惋惜。

　　常常听到有人这样抱怨，"如果我当初如何如何""要是前几天买了就好了""真可惜怎么就没有了，真后悔自己如何如何"。所有的抱怨其实都是在埋怨自己，为什么没有预知未来的能力，后悔当初没有买下它，又或者提到"如果"，其实再多的"如果"也仅仅是代表了一种无能为力的想象。何不阻止自己这样，哪怕只有一次，让自己坦然接受内心的意愿，不是放纵、不是奢侈，只是随兴一次、高兴一次。

　　所以从明天开始，邂逅一件你心仪的物品之后，衡量一下自己内心真正喜欢它的程度，然后毫不犹豫地买下它，回到家中高高兴兴地享用，其实有时你买的不仅仅是一份快乐，是一剂放松自我的良药，甚至也是一个很好的纪念。

# 43

## 你昨天做过有氧运动了

现在有氧运动受到了越来越多的人的重视，尤其是女性对有氧运动更是追捧。这种热衷并不是没有缘由的，有氧运动的好处有很多，涉及人体的方方面面，下面就为大家一一介绍：

（1）有助于防止钙的流失，预防骨质疏松，刺激骨骼生长，保持骨骼健康。

（2）扩大肺活量，利于心肺健康。

（3）能够有效预防糖尿病。美国《医学会杂志》在一篇名为《散步——对糖尿病最好的药物》文章中指出，缺乏运动是导致II型糖尿病的重要原因。适量的运动不仅能够预防糖尿病，还有助于糖尿病的治疗。

（4）促进血液循环，增加血液中白细胞、红细胞和血红蛋白的数量，使血液更健康。

（5）还能享受运动带来的乐趣和快感，能够释放人的负面情绪，消除紧张压力，培养积极向上的人生态度。

（6）降压减脂，塑造优美曲线。

（7）有助于增强人的自信，提高人的学习能力。据德国明斯特大学的一项研究表明，快跑之后，人们记住新单词的效率提高了20%。运动具有进一步激活人体脑细胞的作用。

（8）一些双人或多人的有氧运动，比如网球、高尔夫，可以锻炼人的交际能力，促进人际关系的和谐。

当然知道了有氧运动的好处并不是目的，你还应该找到自己喜欢并且适合的运动。

运动的人

如果你是个高级白领，每天穿梭在高楼林立的大厦中；或者从事演艺方面的职业，比如模特、演员，你不妨多打打高尔夫球。它不会像其他有氧运动那样造成很大的疲累，但又具有不错的燃脂功效，更重要的是，它还可以促进你与客户之间的交流，真是一举三得。

如果你从事的是律政工作，或者是公务员、主持人等，网球是你不错的选择。网球不仅能够提高人的反应敏捷度，还有助于培养人们集中精神、快速做出决策的能力。

如果你是文字工作者、翻译工作者，慢跑和快跑的交替进行，能够增强你的记忆力，在工作的时候，享受文思泉涌的成就感。

一般来说，瑜伽适合不同年龄段、不同职业的人练习，但是当你的身体出现一些特殊情况时，请慎练瑜伽。这些特殊情况包括：眼压过高或高度近视，骨质疏松，脊椎滑脱症，椎间盘突出，大病初愈，癫痫、大脑皮质受损，等等。另外处于经期的女性和怀孕期间的妇女在练习瑜伽时需要特别注意，最好在有他人保护的情况下练习，并且不要做那些高难度的动作，必要时请向专业瑜伽师咨询。

总之，挑选一个适合自己的有氧运动，然后坚持下去，你也会慢慢地收获健康。

# 44
## 忙碌一天后泡在热气腾腾的浴缸里

结束一天辛苦的工作，身心疲惫地回到家后，不妨享受一场美妙的泡沫浴，在热气腾腾的浴缸里，让自己所有的疲累和压力都蒸发掉。

温热的水慢慢地注满浴缸，脱去身上的束缚，泡在香气迷人的泡沫中。此时，你终于可以卸下所有的伪装，感受最真实的你。也许透过镜子你会看到自己上扬得那么勉强的嘴角，或是忍不住不断滑落眼泪的泪眼。面对工作和生活的压力，你也许一直都很坚强，面对所有的困难都会迎难而上。可是，没有人能够一直承受着压力，此时你想哭了就大声哭出来，想休息了就安安心心地躺在浴缸里闭目养神。

泡浴时，你不妨在旁边放上自己喜欢的音乐，可以是轻柔典雅的古典音乐，也可以是风格鲜明始终坚持自我的爵士乐，然后就这么慵懒地躺在水里。你也可以捧起浴缸里那些涌起的小泡泡，就像小时候玩吹泡泡一样，把所有的烦恼都吹破、吹散。如果你愿意，还可以在泡沫浴里加入一些花瓣，让花的芳香进一步抚慰你疲惫不堪的神经。花天生就是怡情养性的存在，是上帝对人们的恩赐。比如玫瑰，除了让人们想起爱情的甜蜜浪漫，还可以行气活血、疏肝解郁；月季花的美丽并不比玫瑰逊色，而且它也具有调气活血、消肿解毒的功效；或者你可以撒上点薰衣草，它可以舒缓我们的神经，让我们在夜晚拥有一个高质量的睡眠……花瓣的功效很多，在享受泡沫浴的同时，我们还可以沉浸在花的芬芳中，让自己同样吐气如兰。

就这样一动不动地躺在浴缸里，好似睡着了一般，静静地感受着所有的疲惫与压力从每一个舒张的毛孔中慢慢排出体外。心情是不是不知不觉轻松了许多？等你再一次睁开双眼时，会看到一张微笑的轻松的脸。

# 45
## 和心目中的男神或女神见面

我们每个人的心中都有自己崇拜的偶像，他们或是歌手，或是体育明星，或是公众人物，或是企业家，或是作家，或是学者。在追随他们的过程中，我们都曾经收集过他们的海报，剪过他们的新闻，看过他们的资料，研究过他们的喜好。

不论这种热情能够持续多久，都是一个正常的自然现象。

我们所谓的崇拜，即是为一个人的外表所打动，或者被其人格魅力所吸引。当然，后者更应该可以称得上是"仰慕"。但是仰慕归仰慕，真正的名人大多是无法见到的，只能通过新闻、资料了解到一些关于他们的情况，而见到他们只是我们生活中一个美妙的幻想。

破一次格吧，去看一位自己真正仰慕的人，不用在乎是不是会被称为"追星族"，也不用在乎是不是真的值得。他可能没有你想象中那样英俊，没有你想象中那样和蔼，他也有可能很亲切、很自然。但既然你仰慕他，那他身上必定有你所敬仰的、喜爱的品格或特征，这种特征既然能让你对之钦佩，就必然有改变你、完善你自己的力量。你见他一面，或远观，或上前攀谈几句，也许都会对你的人生有益。

明星演唱会

人生当然有很多遗憾，但若能缩减那些遗憾，为什么不去做呢？见一位仰慕的名人，这样的愿望很平常，每个人都会有，都会期待，但总也懒于去实践，于是就真成为遗憾了。不如行动起来，利用各种方式，去约他，去登门拜会他，去他出席的地方等他，等等。然后，带着欣喜回家，再看看那些海报、图片，会回忆那个真实的人，每一面都看得清清楚楚。

他这样存在着，和脑中的那个幻象重合在一起。他这样存在着的，所以，我们也要努力成为那样的人。

# 46
## 精心挑选到一个别致的幸运符

在闲暇的时候，你可以随处逛逛，如果看到心爱的小玩意，就把它买下来，作为一个幸运符来送给自己，然后相信它能给自己带来好运。幸运符其实就是一个有着象征意义的小玩意，一串项链、一副手镯、一枚戒指，甚至一个书签，都可以成为幸运符，只要它被你赋予了某种象征意义。你可以运用日常生活或者童话故事、神话故事中的象征物，当作幸运符的主题。譬如你可以制作一个西方女神的头像，或者其他有着神灵的象征意义的头像。当然，你也可以自己设定一些幸运的符号，比如，你觉得某些东西跟你特别有缘，某个数字、某种小动物、某种花卉，这些东西都可以成为你的幸运符的主题。

如果你觉得自己不够心灵手巧，完全可以去专业的手工制作店，这些小店完全可以按照你的意愿制作出你想要的手工艺品。除此以外，专门做幸运符或者护身符的小店还会有很多推荐，比如加强你的工作运势或爱情运势的物品，另外如果你希望和某件对你有特殊意义的物品如影相随，但是又需要进行一些必要的加工，自己可以开动智慧动手做一做，要不就找小店中的专业人士帮你加工成你喜欢的样子，然后随身携带。

当然，这个幸运符必须是别致小巧、可以随身携带的，例如项链。然后想象着它在护佑着你，好运会时时伴随你，当你这样想着的时候，好运真的会在不经意的某一天降临。

# 47
## 给流浪狗喂了一顿好吃的

有报道说，现在世界上每天都有30个物种在灭绝。也许这个数据不是百分之百的准确，但可以肯定的是，有很多动植物正毁灭在我们人类手上。现在仅是我们已知的已经灭绝的动物就有好多种。要想看到渡渡鸟，你只能回到1781年以前的印度；南非的蓝马羚早在1799年就从地球上消失了；还有我国的白臀叶猴灭绝于1893年；欧洲的高加索野牛灭绝于1925年；澳洲的袋狼灭绝于1948年；印尼的爪哇虎灭绝于1972年……这里还不包括那些不知名的动物，而且现在还有那么多正在走向灭绝的动物们。他们的生命在自负残忍的人类手里，被捏得粉碎。

人类总是通过不遵循规律来破坏大自然，而大自然总是遵循规律来惩罚人类。现在我们已经到了深刻反省自己，学会和动植物和平相处的关键时刻了。请学会爱护动物、保护植物，用一颗慈悲的心去对待我们在地球上的伙伴。

不要以为这件事情离你很远，其实你能够做的事情有很多。你完全可以从身边的小事做起，培养自己对小动物的爱心。比如，为流浪狗准备一顿饭。

每次回家的时候，你有没有注意到无家可归的它就蜷缩在楼下的角落里，任凭风吹雨打，日晒雨淋。恐惧无助的眼神，既说明了它害怕人类的伤害，又需要关爱。我们可以为它准备一顿饭，就可以让一个鲜活的生命延续下去。看到它吃得狼吞虎咽，吃完了还抬起头来用乖巧的眼神含情脉脉地望你一眼，这一眼，也让你的付出有了意义。

我们只有一个地球，我们有义务为我们的后代保留丰富的物种，因此，不要让你的心充满冷漠，付出一点爱心吧，哪怕只是给流浪的小狗一顿美餐。

# 48

## 打开属于你的满满的"百宝箱"时

　　人的一生说长不长，说短也不短。我们或许有足够的时间去经历，或许才刚匆匆一瞥便不得不离去，唯一能够肯定的就是任何东西都抵不过时间——人会老，情转淡，心易衰。所以，我们需要时刻提醒自己，不要忘记那时的真、那时的爱、那时的痛彻心扉、那时的喜极而泣。人生因为有了记忆，才不致苍白。你的心也会因为那些记忆，更容易时刻保持年轻与鲜活。很多时候，我们都会把自己的感情凝聚在某件物品中，因此这件物品对你来说就具有了不同寻常的意义。你会在那里面寄托着自己或者他人当时的感受与情谊。其实，珍藏一件物品更多是珍藏一份过去的记忆，珍惜的是一段即便疼痛也很美丽的人生。

　　这件物品，也许是你学会走路那天，妈妈兴奋地给你拍的照片；也许是爸爸不顾妈妈的反对，偷偷给你买的武侠小说；也许是祖母去世时留给你的那个银镯；也许是你童年的某个玩具；也许是好朋友在你生日那天送给你的一本相册，里面贴满了你们在一起的点点滴滴；也许是恋人送给你的一枚戒指，不在乎戒指是否贵重，只在乎和它一起放在你手心里的那颗真心；也许是……一生中有那么多值得回味的人和事、景和情。亲情、友情、爱情……它们赋予了某件物品别样的意义，你珍藏着这件物品，其实是在珍藏着那一段美好的感情。

珍藏

　　这件很有意义的东西也不一定非得是实物，它同样可以是一首表达你喜怒哀乐的歌，一场你和某个重要的人去看的值得纪念的电影。这件物品是什么形态并不重要，重要的是它里面盛放着你的真情实意。

随着时间的流逝，你可能会因为工作的繁忙、生活的琐细而暂时忘记了曾经的某个人、某件事。但是，当你不经意间看到自己珍藏的那件物品时，当时的人、景便仿佛都穿越了时空，朝你微笑着款款走来。于是，往事一一浮现。情感，因你的珍藏而历久弥坚；岁月，因你的纪念而刻骨铭心。

# 49
## 俯瞰熟悉又陌生的城市

　　城市，是这个地球上一个最特别的存在，它把一群人聚集在一起，让他们每天忙忙碌碌、疲于奔命，然后自己就在这忙碌中越来越漂亮，也离大自然越来越远。而生活在城市中的我们，置身于涌动的人潮之中，穿梭于钢筋混凝土的高楼之中，我们好像已经习惯自己是这个城市的一部分。可是我们每天走的，不过是一条路线，我们每天经历的，不过是大同小异的人生。早晨我们走出家门，沿着固定的路线抵达我们的公司、学校，下班的时候原路返回。直到某天有人在路上问你说，某某地怎么走啊，你挠挠头，说："唉，我也不太清楚……"此时，也许你会非常疑惑，自己到底是不是属于这座城市的呢？

　　或许是"只缘身在此山中"，所以看不清这城市的全貌，或许只是从来没有用心去试图了解它。当我们已经习惯于待在一处过着平淡的生活，我们就忘记它本身的特质了。好像它应该就是这样的，没什么奇怪的。

可是，我们可以尝试一下，在夜晚时，来到城市的制高点，俯瞰自己熟悉而陌生的这整个城市。伴着轻柔的晚风、忽明忽暗的灯光，你是否能认出你每天走的那条路？你愣愣地看，才感叹：原来这个城市是这样的。那一瞬间，你也许会感受到自己的渺小。

夜空下的城市

每天相同的路线、同样的公车，那不过是一个平常的城市人所拥有的最简单的生活，哪怕你是一个富商、你是一个名人，你每天乘坐专车，但在这样的高度看来，也只不过是一个点了。

正如古语所说"寄蜉蝣于天地，渺沧海之一粟"，人之于一个城市来说，只不过是会移动的一个个渺小的点罢了，我们在人潮里隐没，不过是朵卑微的浪花，只是身处其中并不别扭，因此只是相信这就是生活，这就是眼前那个城市。了解这一点后，你看着下面移动的车，亮了又暗的家家户户的灯光，你完全可以重新审视小到自己这一天的经历、自己的思维，大到自己的人生，以至宇宙洪荒。如果一个人始终满足和习惯于自己的生活现状而不去从更高的高度去思考，那与那寄于天地的蜉蝣又有什么区别呢？

世界博大，个体渺小，只有不断思考，方可步步登高，终至一览众山小。

# 50
## 用心完成了一次漫长的祈祷

　　祈祷是我们与自己心目中的神灵进行沟通，这中间也许不需要语言，但需要感应；也许不需要太在乎自己将要进行祈祷的地点和形式，但需要我们拥有一颗虔诚的心，只有你信任自己心目中的神灵，那么就真诚地进行祷告，逐渐地，你会有种自己也无法说清的依赖感。确实，祈祷能使我们得到心灵的安慰，也能给我们以生活的勇气和力量，祈祷还可以给我们带来一种信念，一种认为想要发生的事一定会发生的信念。同时祷告还能带给我们更多的平和心态，只有自己的心真正沉淀下来，不管遇到什么事情，我们就都不会浮躁，不会冲动，而这是一个成功人士务必修炼的思想和心理境界。

　　祈祷是一种对话，是"我"与"祈祷之神"的意念对话，那么把你想要发生的事告诉你心目中的那个"神"的时候，你首先一定要坚信这个"神"的存在，他不在遥远的天边，就在你的心里，他就在聆听你的心声。其次你的态度一定要虔诚，你要虔诚地告诉"神"你心中热切的渴盼，你打算为你的愿望付出多少，怎样付出，你都要认认真真地告诉"神"。记住，千万不要头脑发热，一时冲动许下自己根本无法实现的诺言，你在此许下的诺言必须要根据你自己的实际能力，必须是你能做到的。接下来你要做的就是为实现你的诺言，而去实实在在地行动了，也许，经过这一番行动，你会发现，好结果正在向你招手。

即使没有信仰，也请相信一次神灵的存在，把埋在心里无法说出来的话对意念中的神灵倾诉，然后虔诚地做一次祈祷，消除怀疑自己的想法。

你心中的神灵会永远鼓励你，永远不会背叛你。

# 51
## 枕着海涛声入眠

　　"瞧，人类有多贪心，来一趟海边却想捎走一个大海，可谁不是期望自己的视野里，总是满目葱茏一脉青黛。"汪国真曾深情地诉说。"面朝大海，春暖花开"，飞翔的海子也把尘世的幸福送给每一个人，自己却将一颗心付诸大海。海誓山盟、海枯石烂、海阔天空，海是诗的故乡，海是梦的源泉。每个人的心中都有自己的一片海。

　　然而，看海在今天快节奏的生活里显得非常奢侈，即使我们有着看海的心情，却总是在不停地寻找看海的时间，以至于一拖再拖。时间不挤永远也没有，何不在百忙中找一个晚上，带着帐篷去海边，倾听着海涛之声入眠？这样既不用担心花费太多的时间，也可以拥有悠闲的心情去听海。

　　当我们的身体贴着细细的沙粒，当我们的耳朵听着海涛之声时，你就能感觉到一种抽离，使自身从烦躁杂乱的琐事里抽离了出来。此时，工作和生活里的一切不愉快都会变得无足轻重，耳边的风声和海浪声温柔地漫过我们的心坎，冲刷着我们的心灵，把一切尘世的粉尘都带走，我们就成了海水，海水也成了我们。

"从明天起，做一个幸福的人/喂马，劈柴，周游世界/从明天起，关心粮食和蔬菜/我有一所房子，面朝大海，春暖花开。"

"从明天起，和每一个亲人通信/告诉他们我的幸福/那幸福的闪电告诉我的/我将告诉每一个人。"

"给每一条河每一座山取一个温暖的名字/陌生人，我也为你祝福/愿你有一个灿烂的前程/愿你有情人终成眷属/愿你在尘世获得幸福/我也愿面朝大海，春暖花开。"

在波涛声中，我们会将这世界看得更清楚，我们会有更多的能量去面对现实的所有苦难与辉煌。

找一个闲暇假日，让我们一起去看海，去听海，去拥抱海。

# 52

## 重游旧居时闻到童年的味道

一代人有一代人的共同记忆，那些记忆与童年的梦有关，与童年的游戏有关，与童年的伙伴有关，童年的风里有独特的香气。童年，我们许过很多愿望，童年，我们干过许多傻事……慢慢我们长大了，那些年月已经再不会重来，就如我们再也找不到童年时候的一朵小红花一样，它已被岁月遗失，渐渐消逝不见了。但是我们可以行动起来，去找找那旧时的居所，说不定能让童年的感觉再回来一次。

"故地重游""触景生情"这样一些词的存在必然有其道理。例如，当我们写完毕业纪念册，从学校的大门出去之后，下班路过校园，总是很容易在那门前站一会儿。好像昨天我们就背着书包，从那里蹦蹦跳跳地刚走出去，好像我们还想着：终于不用上学了，终于不用做作业了，终于不用背课文了，终于没有罚站了，终于不用早起了。我们总是去那同一个教室里，看看我们用过的桌椅，还会记得，当年我们在这里刻过什么字，偷偷以什么样的角度看过漫画书，或者曾如坐针毡似的被批评过——抽象的记忆总是承载在具象的时间地点之中。当我们回到这里时，记忆的匣子不用唤醒就自动开启了。

时光深处

我们可以去童年居住的地方再走一走，推开那扇旧时的门，走进曾经充满着童年生活的小屋子。

看看那一花一草，一桌一椅，那个和邻家小孩玩闹的场地，那棵曾经爬上去摘过果子的大树，那扇曾经是每天午睡睡不着时和小伙伴通气的窗子，那块曾有一株忘了名字的小花的空地。

再或者，旧房子没了，建了新的大楼，那就站在跟前，静静地看一会儿。那片土地，曾经是童年的全部。偶尔回归，记住当年你最真实的样子，并且知道，你一直在行走，一直在成长。

# 53
## 存钱罐变得沉甸甸了

　　很多成年人的记忆中也许都会有那么一个小小的存钱罐，可能是一个小猪，也可能是一个小兔子，这里面有我们童年时的渴望，买一本书，或者买一包糖。同时在打碎的那一刻，我们也激动、也惋惜。

　　现在虽然长大了，但那种心情犹存，简单的满足感让我们心动。因此，继续用存钱罐吧，让我们的心再一次得到满足。这满足并非仅仅来自于那清脆的响声，更是从自我肯定的愉悦中来。就像是当年的小学生，做了一件被赞许的事情，就会特别骄傲一样。自己给自己鼓鼓掌也好，哪怕看起来很是幼稚的行为，却都能让生活充满阳光。

　　每天只要往里存一元钱就好，看着它累积的钱币越来越多，越是可以清晰地看到这一天天都是踏踏实实、真真切切地走过来的。累积到365个钱币的时候，一年也就过来了。时间看似很长，实际上也就是能捧在手心的365元钱而已。你一定会骄傲，当你拿着365元钱的时候，你知道这一年你都认认真真地过下来了。

　　放入一元钱的时候，你也许就会回忆，今天有没有浪费，或者奢侈，当然小情小调必不可少，但终究得给自己一些宽限的余地，切不能肆意挥霍，就像小时候长辈送你一个存钱罐时对你说的话一样。

# 54
## 和朋友在一起肆无忌惮地狂欢

当工作的压力越来越沉重时，不用长吁短叹，和知心同事、同窗老友聚会吧，喝喝茶、唱唱歌，一身的疲劳会在狂欢中消散。都说孤独是一个人的狂欢；狂欢是一群人的孤单。如果你觉得孤单而又疲乏，和朋友一起狂欢，大家就会一起把孤独欢送。

狂欢，就是要忘了矜持，忘了生活，忘了自我，让身心得到一次彻底放松。彻底放松，多么奢侈昂贵的境界，很多人都在渴盼，却又难以做到。想想看，你的生活是否充满了挣扎与奋斗？你是否随时准备应付你的上司、你的家人，甚至你的朋友？这样的生活是否已经让你疲惫不堪？如果是，何不趁今天放开自我，找个地方狂欢一把。

狂欢，当然要带上酒，还有朋友，去一个有音乐的地方。

不过，不一定非要去酒吧，可以自己找一个场所，就只有自己和朋友，那样玩起来也许会更放松、更惬意。

当我们意气风发、精神抖擞开始大肆庆祝这狂欢的盛典，可以尽情歌唱、尽情舞动，甚至尖叫，在这里没有人会说另一个人过分得像个疯子。如果想让狂欢更多一点新奇浪漫，可以办个化装舞会，找一间温暖的小屋，布置各种迷人的璀璨灯饰，亮晶晶地会让人迷失一阵子，像进入一个童话世界。所有朋友都戴上各种颜色的高帽，扮成卡通人物。当激越的音乐响起，脚步伴随着开心的舞曲，带来最热烈的气氛。

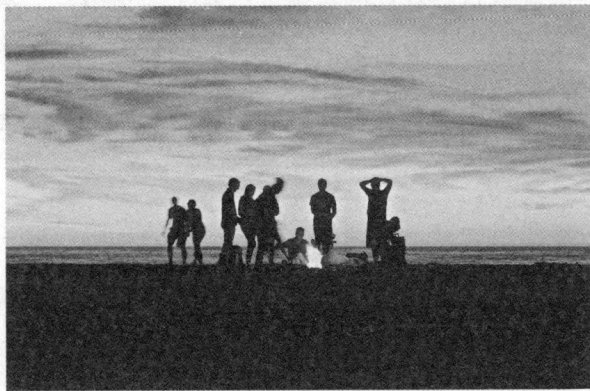

夜幕下狂欢的人

而我们的心，就在这轻松的氛围中渐渐卸下担子，渐渐变得宁静。

# 55

## 没人知道你穿了一件平时不会穿的颜色的衣服

每个人都有自己喜欢的颜色，打开你的衣柜，是不是基本上都是一个风格，一个色系，这是我们的喜好，也是我们的惯性。所以，当我们看到某种样式和颜色的衣服时，就会想到某个人。

有没有想过尝试一下别的款式和颜色的衣服？试一试，看看有什么感觉，说不定也有一种说不出的美妙。走进商场，让自己的眼睛跳过那些平时常选的颜色，专注于那些平时被自己忽略和排斥的颜色。挑出几件自己喜欢的，或者干脆就挑自己平时几乎不能接受的，试穿一下，自己在镜子前面看看效果如何，最好带上几个同伴，让他们帮忙参谋参谋，看看自己在别人眼中的感觉。

综合比较和考虑之后，下定决心买下一件最满意的，不要犹豫、不要迟疑，相信这样做的价值，明天你就会是一个全新的形象，你也不是一成不变，你也可以有所变化。给大家和自己一个全新的感觉，就只是换一件衣服这么简单。这正如人生，有些事情的改变其实很简单，一点小小的创新，便可以化腐朽为神奇。这就是变的魅力，也是我们向惯性和惰性挑战的动力。

# 56
## 打开十年前写给自己的信

在某些时候，相信我们都会想象自己几年后的样子，是更成熟了，还是被岁月打磨的失去了青春光彩？那个时候自己过着什么样的生活，又是什么样的人在身边……不如给十年后的自己写一封信，等到那时候，再打开来看，或许我们会感慨万千。

这封信，其实是对这10年的一个印证。没有谁的聪明能够胜过时间，它用足够的耐心教会我们人生的真谛和意义。10年之后，打开那封信，也是对这10年的一次回顾。看看你当初的想法有哪些是对的，又有哪些是由于生活经验的缺乏而形成的管窥之见。然后，你便可以重新整理一下行囊，以更开阔的眼界、更豁达的心胸，踏上另一个阶段的人生之旅。

写信时，你可以卸下人前的种种伪装，不再自欺欺人。

你越是放松自己，越是任性得像个小孩，写出来的东西就越是来自心灵深处，让自己得以听到10年前的那颗灵魂最真实的表达。没有人强迫你不得不写下什么或者禁止写下什么；没有人要求你必须在多少时间内写出几千几万字；更没有人逼迫你用什么信纸，选择什么颜色的笔。这本就是一次宣泄、一次释放、一次等待10年之久的升华。

写给将来的你

你和10年之后的自己对话，说的都是心里的悄悄话。信里可以写上此时的你深陷其中的困境，可能是经济危机，也可能是自我的迷失。怀着极度沮丧的心情，就好像行走在长长的黑暗隧道里，渴望看到出口处的阳光。在经过了10年之后，你再来看此时此刻的自己，会发现，现在以为迈不过的坎、熬不过的难，还是被你征服了。那时的你是否已经并不只是喜欢阳光，还磨炼出了一双能够适应黑暗的眼睛，随时准备看见黑暗中隐藏的美丽？10年之后，你将惊喜地看到自己的坚强。

可能你最想告诉自己的是此时正在经历的爱情。你和恋人有甜蜜得如胶似漆的时候，也有激烈争吵以致冷战了好久的时候，把这些写进信里，既是为了10年之后的回忆，也是为了镌刻下一个"执子之手，与子偕老"的诺言。10年之后，你将幸福地发现爱情的真谛。

你还可以告诉自己，亲爱的爸爸妈妈这么多年来为你付出了一切，并且始终无怨无悔的爱着你，告诉自己一定要抓紧时间来孝顺父母，让他们安享晚年。

10年之后，你会欣慰自己并没有留下"树欲静而风不止，子欲养而亲不在"的遗憾。

你还可以告诉自己现在工作中的顺心或烦闷。在岁月的流逝中，你的理想是正在一点一点变成现实，还是两个相隔得越来越远，终于风马牛不相及。10年之后，来一次验证，看看你是实现了理想，还是改变了初衷，怀着深深的迫不得已。

你可以写进信里的东西有很多，源于你的生活、你的内心世界，不一定能够感动别人，却肯定能够打动自己。10年之后，读着这封信，也许疼痛或幸福的感觉已经不如深陷其中时那么强烈，不是说心灵的感官变得迟钝，而是因为你终于有了宠辱不惊的从容和气度。你完成这封信的涂鸦，其实终极目的只是要告诉自己，不管是现在还是未来，你都要过得幸福，因为拥有珍贵的回忆而幸福，因为自己变得更加成熟更加懂得知足而幸福。

# 57

## 从陌生人那里得到一个温柔的对视

"佛说，前世的五百次擦肩而过，才能换来今生的一次回眸"，茫茫人海，每天与我们擦肩而过的人数都数不清，能够有缘相识更属奇迹。你有没有过这样的境遇：在街边匆匆行走时，瞥见一个人，似乎总是想多看一眼，好像你们中间有什么牵引一样。这可不算一见钟情，大抵发生这种情况时总会觉得尴尬，因为眼神好像不知往哪里放一样，被吸引又不敢表现出来。大概要把这样的陌生人当成一个有缘人是很困难的，因为没有过了解甚至是交谈，只是无意遇见，又匆匆走过，不过是一转眼的时间，或是几站路的空间，或是等候的时光——依旧不过只是个陌生人，没有相识的理由，也就没有相识的可能。

但若是鼓起勇气放下所谓的"尴尬"呢？既然有缘，是否能从眼神里看到什么不一样的东西，是否能当作像是认识一样，彼此笑笑？也许你把目光摆正的时候对方也正在看着你，彼此笑笑，没有什么，虽然没有相识，只有在相视的一瞬间互相的一次善意的微笑。你们彼此都会明白，这种相识是不带目的性的默契。这种偶然的缘分最好，不用刻意相识，也不用继续相知，只是一面之缘，备感舒心，相互对视一会儿，最后微微一笑，也不需要打招呼就算告别。最是不必忌讳，不必猜疑，也最令人愉悦。

你也许总是感叹生命中出现的人中知己者甚少，时不时地想要倾诉些什么都苦于无人理解。与朋友们相处时，也许你总是疑惑，到底这种表面欢快的友情值不值得继续维持——直到有一天，你在街头看到一个人、一种表情，那表情令你倍感亲切。你看着这个人发了一会儿呆，对方也抬起头，你们对视的一瞬间，你直视他的眼睛，终于看到善意的理解。

当然很可能你的这种体验不过是你的幻觉，但别人怎么想又有什么关系，只要我们自己在这种相视的过程中幻想一种生活的美好，那生活便会变得美好吧。

# 58
## 午间小憩一会儿

最近，世界睡眠医学会做了一项调查，其结果显示，我国目前大概有7000万人的生活是昼夜颠倒的，导致睡眠质量很差，严重影响身心健康。现代社会有很多人都陷入了睡眠不足的苦恼之中，危害着他们的健康。大家想一想自己是不是在上班的时候总觉得脑袋昏昏沉沉的，注意力难以集中，思维也总显得有些迟钝，明明很小的问题也容易让人理不出个头绪，严重影响了你的工作效率和质量。另外，睡眠不足还容易引起生理方面的各种不良反应，加速我们的衰老。本来晚上11点到凌晨的这段时间，是人体各内脏器官的休息排毒时间，结果因为我们的熬夜，身体各器官得不到休息，仍然要超负荷地运转。于是黑眼圈让我们的双眼失去了神采，脸色暗黄甚至色斑遮盖了我们脸颊本应有的青春光彩。长此以往，我们就可能形成习惯性失眠，然后免疫力逐渐下降，心情沮丧，罹患各种疾病的可能性大大增强，比如糖尿病、肥胖症、心脏病等。总之高质量的睡眠是我们身心健康的重要保证。

当我们夜间睡眠质量得不到保证的时候，午间小睡就显得更加重要了。它可以缓解我们工作了一上午的紧张神经，使心血管系统得到放松舒缓，让我们在应对下午的工作时，大脑更加灵活，反应更加迅捷，精力更加充沛，情绪也更加饱满。而且每天午睡，还可以提高我们的免疫力，增强记忆力，有助于平衡体内的激素分泌，显著降低心血管疾病的发病概率，同时还可以改善我们的心情，消除抑郁等不良情绪。总之，每天中午只要小憩一会儿，收到的效果就像休息了整整一夜那么好。

小憩

# 59

## 自信地端出你最拿手的几道小菜

　　热气腾腾的饭菜端上桌儿，一个家才有了烟火味儿，也才有了幸福的味道。在这个快餐时代，虽然外卖随处可叫，家里根本不用开火，但为了享受这难得的烟火味儿，还是建议大家学会做几样拿手小菜，在满足自己味蕾的同时，也能享受到烹饪的乐趣。

　　以前的女性被禁锢在家里，每天除了围着锅碗瓢盆转外，还不得不忍受丈夫不平等的对待，更不要奢谈什么自我提升的时间和机会。于是当法国最早出现女权主义运动的时候，全世界的女性开始躁动了，她们跃跃欲试地想要挣脱男女不平等的枷锁，要争得女性做人的尊严和荣誉。当女性开始融入社会生活的时候，确实对人类的发展做出了很多伟大的贡献，比如居里夫人在化学领域取得的杰出成就；西蒙娜·德·波伏娃创作出改变女性命运的《第二性》，被法国前总统密特朗称为"法国和全世界的最杰出作家"。也许这些才是女权主义的真正含义，就是要取得和男性平等的发展机会，以女性的智慧为人类文明做出贡献。

可是，我们其中有不少人误读了女权主义。她们认为，具有女权思想的女性不应该说起话来还那么莺声细语，不应该整天围着围裙在厨房里做饭，不应该受到孩子的拖累而失去自我享受的时间和空间。可以说，对女权主义的误读，让很多女性失去了做女人的快乐。比如，失去了在厨房里为亲人、爱人和朋友做饭的乐趣。

我们应该知道，做饭并不是男性压迫女性的产物，而是女性表达爱意，维持家庭和睦的方法。当丈夫辛苦工作一天后拖着沉重的步子回到家，满屋子饭菜的香气能够为他拂去心里的疲惫；当孩子放学回来后，一桌子好菜能够帮助他减缓学习的压力；当节假日回家去看望年迈的父母，你亲手捧上的佳肴是对他们晚年生活的安慰。

当然，也有很多男性抱着大男子主义的心理，觉得自己做饭是一件很没有面子的事情。其实，做饭与男性尊严并没有实际联系。你学会做几样拿手小菜，时不时给身边的人尝尝，她会在每一道菜里感受到你浓浓的爱意，幸福就这样悄然降临。

学会做几道拿手菜，在给他人带来幸福的同时，还能让自己体会到烹饪的乐趣。有时，幸福就是这么简单，不是吗？

# 60
## 和爱人分享彼此的过去

爱上一个人，总是想让他从你的过去读懂今时今日的你，也是要他补上在你生命中的那段缺席。从此以后，你的过去、现在和将来都是完完整整地属于这个人。

在向爱人诉说往事时，不妨带他到你曾经念过书的地方去。从幼儿园、小学、中学到大学，校园无疑是承载了我们青春记忆最多的地方。那里的每一个春天、每一个雨季，都有着令自己难以忘怀的往事。带爱人去那里，和他分享自己的青春，成长的故事就像放电影一样在你绘声绘色的描述中，缓缓演绎。

这么多年过去，当年的幼儿园如今还在，那些小桌子小椅子一下就衬托出了你当时弱小的身躯。你也许仍然记得当时老师教过的童谣的旋律，那就哼一两句给爱人听。你还可以给爱人列举出当时心爱的玩具，如数家珍，直到现在它们还能勾起你对童年生活的无限回忆。

他肯定迫不及待地想要知道你小学时候的糗事，小时候，你有足够长的时间去捣蛋、去闯祸、去接受教训、去成长学习。那个年纪又正好是天不怕地不怕，对什么都很好奇的时候。告诉爱人，你是不是也干过这种事儿：下午放学后故意最后一个走，在黑板上恨恨地写下"××是条小狗儿"，小孩子之间结的"怨"连报复都这么有趣；也许你还能惊喜地找到当年坐过的书桌，上面那条用小刀划出的"三八线"已被磨得快没了痕迹。你还带着爱人到校门口的那家雪糕店，当年放学后一路吃回家的娃娃脸雪糕居然还有得卖。你们俩都像发现埋藏了多年的宝贝似的，开心地坐在学校门口台阶上，一口气吃了好几支。你的叙述里也会夹杂着他的故事，当年他不也干过类似的事情？

开心的情侣

中学时代，或许叛逆，或许老实，不论是哪一种，青春故事永远值得追忆。可能你们都痴迷过金庸的武侠传奇，也可能都为了中考高考的那次一锤定音而不分昼夜地努力学习。你告诉爱人，哪次考试考得特别好，哪次又特别差，以至于到现在都还记忆犹新。多少的成功与失败交织，又有多少的泪水与付出混杂，才有了今天这个人生阶段的你，他一定会更懂你。

还有你的大学，大学校园对我们的意义很多，比如我们火热的恋爱，我们的思乡之情，我们的离别之苦，还有人生中的很多第一次都发生在大学校园，所以千万别忘和恋人一起分享这里。套用狄更斯《双城记》里的那段名言："那是最美好的时代，那是最糟糕的时代；那是智慧的年头，那是愚昧的年头；那是信仰的时期，那是怀疑的时期；那是光明的季节，那是黑暗的季节；那是希望的春天，那是失望的冬天；我们拥有一切，我们一无所有……"正如大学生活真实的写照，你什么都想尝试，什么都要经过挣扎后才能决定；什么都不相信，又偏偏要在众多的不相信中找到笃定；你一会儿觉得前途光明，胸中有万丈豪情，一会儿又觉得前路茫茫，以致无计可施；因为年轻，你什么都没有，又正是因为年轻，你可以拥有青春，也就拥有了一切。大学，真是一生中充满矛盾的时期。连你自己都说不清楚，什么是你想要的，什么又是你不想要的。把所有的纠结和痛苦都告诉恋人，也许他也有着同样的切肤之痛。

在爱人面前，不需要任何伪装，他要了解的只是最真实的你。

把自己的从前分享给他，你会发现他的每一个眼神都传递出因你的信任而产生的温存。你们可以一起回忆过去，分享彼此的青春，然后再一起分享未来的每一天。

# 61

## 打开冰箱，发现里面丰富而整洁

在忙得不可开交的某一段时间，吃饭都是靠着冰箱里的食物来维持的。难得抽几十分钟的时候，炒上几个菜，匆匆吃几口就出门上班，剩下的食物便放进冰箱里存着了。下班回家，热一热，又可以吃上几顿。加上各种不同的水果，大盒小盒的酸奶、饮料，日子也就这么打发了。等到闲下来，和朋友同事出去聚聚餐，收拾下屋子，清理下坏了的食物，购置些新鲜的东西，又可以休息一会儿了。

这种生活方式看似很正常，大概多数人也都是这么过的，但不健康的生活方式往往是在不经意间就能给身体造成伤害。忙碌的工作一族往往都有胃病、肠胃炎，其实不只是饮食无规律，与食物的健康与否也有重要的关系。

因此，闲暇时，注意一些生活细节，耐心地整理整理冰箱，补充健康的食物，扔掉过期的食物，清理不再吃的剩饭剩菜，表面和内里的各个部位都仔细消毒。虽然这看似没有什么意义，却是保证身体健康的重要细节。

其实，放上音乐，做做清洁，也不是一件很枯燥的事情。自己料理自己的生活，自己发现生活的情趣，人生也会变得很美好。

# 62

## 在规定时间内，一个银行账户实现了"只存不取"

人们常说："一分钱难倒英雄汉。"在生活中，我们总会遇到一些紧急情况，而在这个没有钱寸步难行的社会里，一旦遇到这种情况，如果我们手里没有任何积蓄，则会带来人生的遗憾。因此要做到未雨绸缪，为未来的突发事件做好准备。毕竟有足够的经济基础是很有必要的。比如，父母年龄大了，得点小病是很正常的事，但是，如果我们不攒点积蓄，等到急用时就会着急。借，不是一个很好的办法，每个人都有自己的事，借别人的就会给别人增加负担，虽说朋友之间有福同享、有难同当，但是，我们不能心安理得地给朋友增加负担。

此外，每个人都会为人父为人母，当孩子渐渐长大时，所需要的花销也会越来越多，特别是现在，孩子的抚养费和教育费就是一笔不菲的支出。所以，无论对上孝顺父母，还是对下抚养孩子，我们都要有一定的积蓄才行。

其实，无论哪个年龄阶段的人，都有必要给自己规定一个时间，设立一个只存不取的账户，来规避明天突如其来的经济需求。这里说的不是简单的存款，还包含了"只存不取"四个字在内。因为，很多人存钱只是一瞬间的心血来潮，没有人限制时就又随意地取出来花费在不必要的事情上，浪掷了自己的血汗钱。

所以，给自己设立一个只存不取的账户是很重要的，只有这样，自己的金山才能一点点积累起来，才能在有急需时不用去四处奔跑求助。

积少成多

会理财的人一定也懂得怎样生活，他们绝不会坐吃山空或者是寅吃卯粮，这当然和吝啬不是同种含义，他们会把明天的困难放到今天给解决掉。规定一个时间，为自己开设一个只存不取的账户吧，这是在为我们的明天储蓄，也是为我们安稳的生活进行储蓄。

# 63
## 享受每天都跑的乐趣

　　跑步既能锻炼身体也能锻炼心智，所以选清晨或者傍晚去操场跑一会儿步，不仅能让心情舒畅，也能使你意志更坚定。找一个操场，事先给自己设定一个目标，比如今天一定要跑几圈，或者坚持跑完多长时间，按照你自己的能力来设定目标。不要把目标定得太低，比如你平时能跑五圈，你却给自己设定今天跑四圈就行，那就没有任何坚持的意义了。另外，假如你平时能坚持跑15分钟，那么，今天你就必须跑完15分钟以上。还有，速度也不能减慢。

　　设定合适的目标之后，那就开始你的训练吧。跑步的时候，在心里默默给自己打气，心里想着那个目标，或者事先对自己说好，今天完成任务之后，给自己一个小小的奖赏，比如给自己买一件小礼物，或者做一件平时很想做，但是又觉得那样太奢侈或者有点过分的事。这样想着是不是觉得动力更大了一些呢?

　　如果你喜欢听音乐,不妨塞一个耳机,用音乐来缓解你的疲乏或者鼓舞你坚持到终点。暂时转移一下注意力,让自己在不知不觉中渐渐接近目标,也许,听着音乐,你猛然间发现原来已经到达了目标。当然,长此以往,你就会发现你的身体变得越来越健康强壮了。

# 64
## 做了一件平时不敢去做的浪漫事

如果你喜欢下雨，从小就渴望能够痛痛快快地享受一次雨的洗礼，觉得那是天使最美丽的眼泪。可是，别人总是告诉你，你也总是这样告诫自己：淋雨不好，会生病的；身边的人都打着伞，就自己一个人不打，大家可能会觉得很奇怪；还有，衣服打湿了，穿在身上会不舒服，何必多一件麻烦事……总之，你总是有很多理由来扼杀掉自己浪漫的天性。可是事实上，一般人是不会淋一次雨就感冒的。当别人都在雨中狼狈地打着伞，拥挤不堪时，你不正好可以从从容容地走回家吗？其实，这是一个很容易实现的梦想，只是需要一个下雨天而已。既然你已经期待了那么久，干脆就在下一个雨天，勇敢地、淋漓尽致地享受一番雨的爱抚。这时，你也许还能体会到苏轼《定风波》里的情致：莫听穿林打叶声，何妨吟啸且徐行。竹杖芒鞋轻胜马，谁怕？一蓑烟雨任平生。料峭春风吹酒醒，微冷，山头斜照却相迎。回首向来萧瑟处，归去，也无风雨也无晴。

的确，生活本来已经很累，我们实在不需要太在乎别人的眼光，也不要总是挑剔着自己。或许你一直暗恋着某个人，总是想给他写一封浪漫的情书。可是，每次拿起笔时，你都会产生很多不必要的顾虑，比如，觉得自己文笔不够好，害怕对方看了信之后对自己不屑一顾等等。其实，爱情本来就是一件充满了感性、激情和浪漫的事。对方的想法，始终是你无法控制的。首先只要先确定自己的感觉，再去确定你的态度是否能够坦诚，那么就落笔把你的真情实意跃然纸上，比起真实的幸福，文笔不好又如何？

当然，不要觉得浪漫就一定得是一件与众不同的事情，否则，别人会笑话你缺乏创意，其实浪漫的事有很多，我们不也总是被生活中最平凡的事所触动吗？而创意生活也不是多么玄妙的事情，它只是把平凡的浪漫事演绎得唯美了些、诚恳了些。其实浪漫并不是那件事情本身，而是置身其中的人从内心深处产生的一种愉悦和陶醉。所以，就算你所期待的只是一种平凡的浪漫，比如冬日雪天里捧着爱人的手，或者就是夕阳西下时的携手漫步，只要这是你真正期待的，那就行动起来去实现它。也许这种平凡的浪漫更容易带给你幸福，只因为有你们的参与，它才变得那么触手可及。

# 65
## 有些歌好像是专门为你写的

歌声是我们表达自己感情的一种艺术方式。我们唱歌不一定是要给别人听，也不一定非要外人来欣赏，你完全可以为自己而歌唱。歌声不在于有多优美，而在于你的心情有多放松，有多么的愉悦。

找一个没人的空间——一间空房子，一片空旷的草地，湖边的小树林，或者就是自己的房间，只要你认为安全且私密的环境，只要是你的视线里没有别人，你就可以放声为自己歌唱，不用去在乎别人诧异的眼光，喁喁的私语。

你可以随心所欲地为自己演唱，不要敷衍自己，即使想唱一首小时候的童谣也无妨，不用去刻意地牢记歌词，甚至可以自编自导，唱一些不知名的歌曲，即使不成曲调，也没有人会取笑你。你还可以把一些想对自己说的话，用歌曲唱出来，哪怕是心中积聚的苦闷和牢骚，把满腔的怨言大声唱出来，也是一种很好的发泄方式。为自己唱一首激动人心的鼓励之歌，或者是一首充满了祝福和期许的希望之歌，唱出自己对生活的美好愿望，唱出自信，唱出激情和勇气来。

如果你有雅兴，不妨用录音设备把自己的歌声录制下来，以后任何时候都可以拿出来回味一下，自我欣赏一番，甚至可以为自己专门制作一盘专辑，就像那些明星一样，只不过这个是用来自我收藏的，如果可以，把它送给你的好友。如果想送给朋友，不如回忆一下朋友喜欢什么歌，你们曾在一起听过哪些歌，回忆一下曾一起K歌时 "合作" 过哪些曲目，录音之前先预演一次，如果情到深处，不如在前奏响起之前，说几段告白，不要去想你的告白有没有语病，话语是否通顺，只是你想说你想要表达的，对你自己也对你的朋友，只要用心，谁都会懂你。

为自己歌唱，只要自己喜欢，就可以。

# 66
## 赶时间时想到手表调快了5分钟

时间是一个单向度的存在，它不会因为我们的意志而随意进退，只是直线地向前发展。所以我们才有"时光容易把人抛，红了樱桃，绿了芭蕉"的感慨。当然，尽管我们无法在量上增时间以获得更为突出的成就，但可以在与它赛跑的过程中支配它。例如我们可以将每天的时间分成几个部分，每个部分完成一件事情，那么我们将每个时间段划分得更加细密以获得更高的效率。当然，这种方法将要求我们付出更多，因为它打乱了我们日常的生活节奏，我们为了完成每一部分的事情，必须时刻绷紧脑中的那根弦。但往往会因某一时刻的倦怠而不能够继续保持。

若要不打乱原来的节奏，又时刻让自己保持清醒的头脑、有紧迫的时间意识，其实只要5分钟就足够了。将手表拨快5分钟，每天提前5分钟开始过，每件事便比其他人多出5分钟的准备和完善时间。

诚然，相对于每天的1440分钟来说，5分钟的时间可谓不足挂齿。人们尽可以每天在工作之余花上5分钟的时间来休息，可以用5分钟的时间去等 一班车，用5分钟的时间叫一份外卖——这些看起来都是日常生活中最基本、最简单的事情。但人的一天其实并没有什么，不过是由那么一件一件琐碎的小事拼凑而成。由9个5分钟凑成一堂课，由2个5分钟凑成一个课间，花许多个零星的5分钟用来发简讯、传邮件……因此我们习惯对以小见大毫不在意，对凑成1440分钟的5分钟也并不挂心，在无意中放弃了无数让自己更优秀的机会。

机械手表

让我们珍惜这难得的5分钟，将手表调快，任何事情都做好充分的准备，在不论何种情况下都留给自己一个从容的空间，就能够在原来的基础上做得更好。每天比原定时间提前5分钟起床，提前5分钟到公司或学校，在忙碌之前做好计划、振奋一下精神，这一天都会有一个饱满的工作状态。在下班前的5分钟完工，留下5分钟给自己回顾一天的努力，是不是达到了预期的效果。最后，提前5分钟上床睡觉，在合眼之前，再用5分钟给一天做个总结。

我们尽可以用那5分钟，让自己的时间永远跑在前面。这时间虽然只是每天的1/288，但也是无比珍贵的一部分。它也许会让我们的生活就此改观。

# 67

## 在安静的夜晚独自品评美酒

　　人生追求的最终目的是快乐，每个人都想拥有快乐的人生。快乐可以以很多种形式呈现，例如享受一份宁静的心绪，深陷一段美好的回忆，开始经营一个高雅的情趣等等。快乐的人生如诗，每一个动人的字眼都情深意长；快乐的人生如画，每一抹绚丽的笔画都流光溢彩；快乐的人生如歌，每一节跳动的音符都插上了翅膀……快乐有时就在品位中呈现。

　　做一个有品位的人，过一种有品位的生活，享受有品位的人生，这些恐怕是当下很多人的生活理念。对于追求品质生活的我们来讲，再也没有什么比提高我们的审美趣味更重要的了。

　　品位事关我们的情趣，它不是你开着法拉利的跑车，身穿纪梵希的服装，手里拎着爱马仕的包，脚上穿菲拉格慕的鞋子就可以办得到的。如果一个人拥有这些昂贵的奢侈品，却不懂得它们的历史和它们所要传达的信念，那么他和一个挥金如土的暴发户又有什么区别呢？对于这样的人，他拥有那些品牌才真的叫暴殄天物——美好的事物应该为懂得它、珍惜它的人而存在，否则就是一种极大的浪费。

在清爽的仲夏夜，自己调制一杯美酒，站在阳台上，或者听着轻松的音乐，在卧室里安静一会儿，回忆往昔也好，思考其他与工作无关的事情也罢，都是一种美的享受，也彰显着你的品位生活。

至简至静的生活也就是如此吧。

# 68
## 看烟火盛放在墨色浓重的夜空

去看一场烟火表演，在烟火交错绽放的华美瞬间，你可以大声欢呼，可以让自己完全沉浸在这个美妙的时刻，让满天的烟火赋予你欢喜和雀跃的心情，给你的生活一点灵动的色彩，让五彩斑斓的烟火如盛开的花朵，照亮你的心。

看那满天盛开的烟花，那些不同的烟丝、不同的形状、不同的图案，你心中也会盛开明亮的花朵。烟火就像喷泉一样，有时成束，有时成片，有时就像一大群彩色小精灵在空中飞舞。上空的烟火呈现出层层叠叠的各色球形组合，就像要散落在自己身边一样，所有的美丽都被尽收眼底。

有时会一次放很多烟花，待到它们一起喷发，金灿灿的光芒久久不愿散去，照亮整片天空，仿佛光芒从天堂一直散落到人间。那些烟火，一根一根、一团一团、一朵一朵，像调皮的小顽童任性泼洒的色彩，布满整个天空，映红了人们的脸庞，是那样的美丽动人。

烟花绚烂

漫天的烟花照亮了天空，也照耀着我们生命中那些宝贵的快乐。去看一场烟火，让记忆中永远珍藏这瞬间的美丽。

# 69

## 带着美丽的心情参加婚礼

婚礼是一件神圣又浪漫的事情，它见证着两个人爱情的庄严的结合。不管你是单身还是已婚，参加一次婚礼，见证一次别人的爱情，或许会改变自己的人生态度，以及对爱情、对眼前的人或者对未来的憧憬。

婚礼的形式是多样的，也许是在庄严的教堂，牧师的主持下，彼此在坚定的眼神中互换那句"我愿意"的诺言；也许是在海边、在平日所有亲朋好友的见证下，两人在海边完成一个拥吻；抑或者在乡下举办一场简约的婚礼，朴实的当地人或偶然到此旅行的陌生人慕名而来献上最简约纯实的祝福，不需要盛大的排场，不需要华丽的开始与结局，新娘素面朝天，新郎腼腆地牵着她的手，就这样直到天荒地老。所以不管你身在何处，带着美丽的心情见证别人的爱情，去理解婚礼的意义，虽然有时它被看作是一种形式，但却饱含着爱的宣言与承诺，从此宣告一对恋人携手走入婚姻殿堂，并承诺在今后的日子里共担风雨，至死不渝。

我们不妨安静下来，仔细想想这么多年忙碌的生活，曾忽略过些什么，不如就在此刻，重温旧时的梦，不被时间约束，不被现实困扰，重新遥想爱的意义，回味爱情悠长的滋味。

不管你参加什么样的婚礼，你总会被那"仅有一人爱你如朝圣者的灵魂与渐渐老去的皱纹"所感动。浪漫总会成为往事，但是婚礼却是见证"执子之手，与子偕老"的开始。用心去体会爱的意义，去感受那种唯美的幸福。

# 70

## 和心爱的人去西藏

两个相恋的人一起走过的点点滴滴，经过了岁月的打磨，被塑造成了结结实实的一砖一木，建造着只属于你们两个人的爱的殿堂。在那么多美妙的经历中，和爱人进行一次西藏之旅，你们会因其独特的空灵和浪漫而深受感动，成为你们最独特的记忆，这就好像哥特式教堂那庄严神圣的穹顶一般，指引着你们获得对真爱以及生命的信仰。

西藏，真的是你和爱人不能错过的地方。

那里有着气度恢弘的布达拉宫，在碧水蓝天的映衬下，历史悠久的布达拉宫显得更加庄严和神圣。在那里，你可以感受到西藏人民政教合一所产生的独特文化，可以欣赏布达拉宫从公元631年松赞干布开始兴建起到如今的精湛建筑工艺，更可以在风云变幻之际感受到人的渺小和信仰的纯粹。当然，你自然还会想起百世流芳的文成公主。当你和爱人牵手来到布达拉宫的面前时，依然可以感受到一千多年前，松赞干布迎娶妻子的隆重与喜悦。

　　牵着爱人的手，你们还可以走过西藏很多美丽的地方，诸如林芝、纳木措；可以聆听那似懂非懂的诵经声，像虔诚的信徒那样，闭上双眼，一起摇起转经筒；还可以欣赏那里的自然风景和人文景观。除了空灵、圣洁、超世脱俗这些字眼以外，你几乎找不到其他更贴切的词来形容这个离天最近的地方。你们相拥着站在西藏那蓝得好像能滴出水来的天穹之下，用心去感受这天地之间的力量，最终你们都会体会到这份对真爱和生命的信仰。在这个纯净宽广的地方，你们的爱情也会得到进一步的升华。

二鹿听经

# 71

## 给旧爱送上真诚的婚礼祝福

很多人都有过失去爱人和感情的经历。也许，在某些不经意的时刻，我们会下意识地记起曾经的那段最美好的时光。你也许记得，和曾经最心爱的人十指紧扣时那惺惺相惜的感觉，记得你们二人享受烛光晚餐时的浪漫甜蜜，记得你们一起在轻柔的月光下漫步回家时的柔情蜜语……这些都曾经是你最幸福的时光，此刻却无可奈何地成为了追忆。你们的爱情还是没能走到时间的尽头，曾经的最爱已经无法再做你的爱人。

你们成为朋友，就像两条直线相交然后分开，各自去开展自己全新的人生。即便没有他在身边，你的每一个日出日落都同样精彩。后来有一天，旧爱终于找到了结婚的理由。也许你会收到对方好意寄给你的火红喜帖，他没有恶意，只是希望你在知道他是真的幸福之后，可以彻底放下过去，从此专心地为自己的幸福奋斗。

　　带着祝福的微笑去参加旧爱的婚礼，这发自内心的微笑既是对旧爱的放下，也是对自己的成全，放下你们的过去，成全未来你自己的幸福。看到新人的笑靥如花，听到婚礼上的欢声笑语，你就知道，将来属于你的那场婚礼，有着同样甜蜜四溢的幸福。就这样微笑着祝福曾经的爱人，微笑着对过去的回忆说再见，微笑着转过身去，开始新的旅程。

# 72
## 跟某人很熟，可以不必掩饰探讨缺点

　　几乎我们所有人都有一张不同于真实自我的面具。人们戴上面具，在自我保护的同时，也使人与人之间的亲密关系变淡。然而在有些朋友面前，你不用刻意掩饰，哪怕是最脆弱、窘迫的一面，你知道，无论如何，对方都不会嫌弃你、嘲笑你。

　　你可能总在苦恼如何克服自身的弱点，那么，不妨跟这样的朋友一起认真探讨一下，也许站在旁观者的角度，他会有很好的建议。或许你对自己的弱点还认识得不够，你应该诚恳地请求朋友对你做一个客观的评价，作为朋友，他应该对你的弱点了解得比较清楚。当朋友指出之后，你首先必须对照一下自身，是不是真的有这种情况呢？对朋友的批评要虚心接受，因为朋友的忠告是为了帮助你杜绝错误。

怎样克服自身的弱点，你自己应该也有见解，对朋友说出你的想法和决心，让他帮忙分析一下可行性。然后，再请求朋友给你出出主意，你也可以针对朋友的建议提出自己的看法，因为这是个探讨的过程，目的是为了最后能达到一个最佳的可行方案。

达成一致意见后，为了慎重起见，你最好拿出纸和笔，将以上方案记录在册，以备行动时作为指南，时时遵照。

朋友就是一面镜子，可以关照我们的内心，纠正我们的错误。拥有一个彼此间不必掩饰缺点的朋友，更是人生最大的财富之一。

挚友

# 73
## 家庭会议结束后的拥抱

随着新时代的到来和新思想的演变，大到国家、小到家庭，都开始讲究民主。每个人都有自己独一无二的思想和见解，如果缺乏沟通，往往容易造成误解甚至关系破裂，亲密无间的家庭成员之间也不例外。促进家庭成员沟通的有效途径之一就是家庭会议。

指定一个时间，确立一个议程，比如每周一次。不管以前有没有执行，或者根本就从来没有人提议过。但可以从今天开始，找个机会对各个成员发出倡导。这是促进各个成员之间联系交流的好机会，每个人都可以畅所欲言，发表自己内心最真实的想法。

一致通过之后，最好民主选出一个人作为会议主席，这个人并不一定非得是家长，任何一个人都可以，只要大家认为他有足够的组织才能，这是个很好的锻炼机会。

会议召开之前，最好能确定一下议程、大会讨论的主题，以及每个人在会上将要扮演的角色。会议开始后，主席应该能够调动大家的热情，就主题踊跃发言，还可以展开激烈讨论。如果谁对谁有什么意见，都可以在会上说出来，家庭成员之间，无须太多礼数或虚荣。但是家庭会议的目的是促进家庭关系的良性发展，千万不可揪住某一个小问题争论不休，这点主席应该注意把握分寸，在合理争论的基础上良性发展。

　　会议结束的时候，主席别忘了通知下次会议的时间，并提出一些问题留作大家会后思考。能够把家庭会议作为一个仪式定期的举行，并且坚持下去，能够让家庭内部的大小问题及时得到解决，家庭也会越来越和谐。

# 74

## 经历痛苦时，有人默默地陪在你身边

朋友是既能够在一起分享快乐的人，又是能一起承担痛苦的人。有时候，朋友的一句问候、一声安慰里传递的温暖和力量都是巨大的。

如果朋友正在痛苦中，一时间可能找不到合适的言语和行动来安慰，这时候千万别懊恼地走开，因为此时朋友最需要我们的力量来支撑。其实，并不需要你做什么具体的事，事情已经发生，就让它在时间的洪流中淡化，我们只要默默地陪伴他。

如果你不在朋友身边，打个电话跟他说一句："我在想你呢，希望你快点好起来。"安慰一个人不能简单地说："一切都会好起来的"，或者"一切都会过去的。"倒不如说："我知道你很难过，如果是我，也很难扛过去"。这样才能表达出你的重视和理解。也不要轻易说，"你一向都是那么坚强"，这会使对方为了不使你失望，而不愿在你面前表露他的痛苦。相反，你应该让对方感觉到你愿意倾听和分担他的痛苦。

陪伴

如果可以的话，你可以放下电话后，亲自跑到朋友的身边，陪他度过最难过的时刻，也许你不需要说太多，只要静静地待在他的身边，这时最好的劝慰就是沉默。如果你的朋友心里很烦躁，不要一个劲地去追问他怎么了，和他单独在黑暗中坐一会儿，什么都不要说，把房间的灯全部关掉。或者傍晚在楼下的公园，要不就选在楼道里，两个人坐一会儿，要不就仰望天空，要不就看公园中的零星人群，或者就坐在楼道靠近窗户的地方，两人默默相对，或者握住他的手，扶住他的肩膀，将你的力量传递给对方。这可能对于正在经历痛苦的朋友是一种最大的安慰。

　　想想正在痛苦中的朋友，多关心他们，因为有一天你也需要他们的温暖。朋友之间最珍贵的不是只在一起快乐，而是在对方需要帮助的时候，自己能够伸出援手，能够和他一起分担。

# 75
## 置身于狂欢游行的人群中

"人生事，不如意者十有八九"，当事情不能按照自己的意愿发展而自己又无能为力时，可能会感到压抑；学习和工作的压力过大，消极情绪的不及时排解也会产生压抑；对人言听计从，长而久之也会压抑。压抑不过是很正常的情绪，沉溺其中却可以让你失去很多的美好。沉溺压抑会让人失去光泽，才华埋没；沉溺压抑会让人失去爱的能力，会使人无视果子的成熟而只剩满目愁煞人的景象，忘记摘取。

成长，像蝉蜕一样一层层一片片地使人体无完肤，再疼也得忍着承受着。明明是艳阳高照，而你心里总是苍凉苍凉的，紧缩成一团。你可知道，生活还得继续，开心是一天，不开心也是一天，而人生又是那么短暂，转瞬即逝，为什么不让自己开开心心、痛痛快快地活着？电影《返老还童》关于时间的刻画一点也不耸人听闻，当你处于垂暮之年时，回首一生的磕磕绊绊，发现自己的日记里大片大片的灰色时，你是否会觉得遗憾？

打开你的心门吧，让压抑已久的情绪像那海、像那风，汹涌地释放。让发霉的心房晒晒太阳，让蜷缩的手脚舒展一下筋骨，抖落一身的不快，轻装前行。在你内心潜伏已久的激情需要一个出口。此时，何不参加一次狂欢的游行活动，在人潮涌动的欢乐海洋中，尽情释放你对生命的热爱和对幸福的追求。看看那些载歌载舞的人们，他们穿着色彩无比艳丽的奇装华服，在节奏明快、感情热烈的音乐声中，尽情地扭动自己的肢体，纵情地歌唱，放肆地大笑，好像要让全世界都能感受到他们比阳光还要耀眼的激情。置身于他们的包围中，随着游行队伍走过大街小巷，你也会被他们的活力所感染，也会不知不觉地跟随起舞，痛快地笑，痛快地闹，痛快地告诉世界，也告诉你自己，你也可以活得如此开心。

在这狂欢的奔走中，我们会渐渐体会到什么叫作"不虚此生。"

# 76

## 繁忙的工作过程中，偶尔翘一次班

　　都市上班族的生活基本上都是一边倒，那就是工作。工作已经占据我们生活的大部分时间。还有很多人更是陷入了超负荷运转状态，结果一段时间以后，就什么都做不了了，否则只让身体越来越差，工作也越来越不顺利，从而陷入恶性循环而不得自拔。

　　那么当你觉得身心俱疲时，不妨忙里偷闲，翘一次班，给自己一个调节身心的机会，可以找点有意思的事情来做，给自己一个缓冲。大学里面尚有翘课不过是调节生活的戏谈，工作期间偶尔偷个小懒可谓"磨刀不误砍柴工"。如果过量地工作使大脑呈现放空状态，那么大大小小的琐事，便都可能影响你。带着这种心情去工作，也没有效率可言，又戕害身体，实在是不值得。诚然遵守上级规定，安守本分是作为一个员工的义务职责，但当一切没有回转的余地时，偶尔给自己放假，也未必就是大过错。只要这样调节能够起到作用，那么接下来的工作效率应该可以瞬间提高。

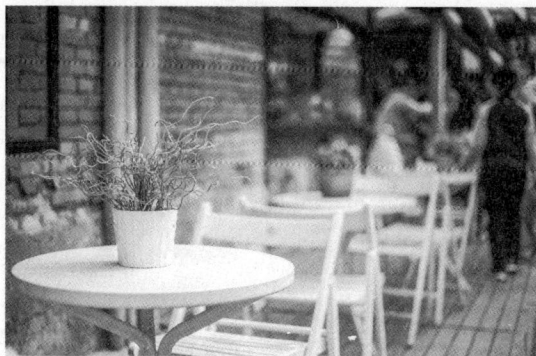

街角

翘了班，找点自己喜欢做、又不耗体力的事情。你可以在这一天，看看这个快节奏运转的世界，想象自己站在世界的边缘，看着所有的人茫然地去公司，下班回家，在公车上打瞌睡，在地铁上看报纸，匆匆吃盒饭，拼命地争取业绩。然后回想自己的每一天，你自然会为自己有这么一天，完全放松地放慢步调而感到惬意。即便是站在熙熙攘攘的街头，身边流动的都是慌慌张张的人们，你也可以这么惬意地慢慢走着，因为这一天，是完全属于你自己的。

# 77

## 抬起头，静静地看天空云卷云舒

　　晚霞的美丽是灼人的，此时的太阳已经退去了正午的咄咄逼人，仿佛蒙上了一层面纱，以少女似的含情脉脉的眼光温柔地注视着夕阳下的每一个人，那令人惬意的暖意融融是对我们一天辛勤工作的最好抚慰。走在回家的路上，大家都会不自觉地抬头看天，看看天上光与云演绎的一个个传奇故事。小孩子最是欢呼雀跃，和身边的小伙伴指点着天上的朵朵云彩，就像小鸟一样叽叽喳喳闹个不停，那朵云像狗，那朵云像人，那朵云和那朵云在追逐嬉戏……孩子们充满奇思妙想的童心里，有着比任何世界名著都精彩绝伦的故事。

　　可是，随着时间的流逝，我们的童心童趣不断减少，来源于生存的压力越来越大。修筑得越来越高的不只是钢筋水泥构筑的高楼大厦，还有我们自己内心的冰冷城墙。就在这样的自我封闭中，我们的心开始一点一点麻木，一点一点失去往日的从容和安宁。下班后，当人们再一次行走在回家的路上时，抬头的人越来越少。在这逼仄的空间里，天空被切割成了补丁似的一块一块，连看看童年时代的火烧云，都变成了一种奢侈。

天空

其实，我们的心情不正像云一样飘忽不定、无踪可循吗？可是二者又有着巨大的差异。云是淡定的，在狂风面前，它没有一丝一毫的躲避，反而让自己在风的塑造下变幻出各种不可思议的造型；而我们很多人身陷困境时，不是让自己在挫折的磨砺中越发成熟，而是不断地自我否定甚至失去了生活下去的动力。也许，现在的人们更加需要的不是一套房子、一本存折，房子安放不了一颗躁动不安的心，存折也存储不了我们的生命和幸福。我们需要的是一颗像云那般处变不惊的心。

不时地抬头看看天空，可以是在上班的车上，也可以是在回家的途中。或者，最好到郊外去走走，那里的空气有着更加清新的味道，天空也更加蔚蓝，而云朵，则有着更多变幻的色彩与形态。你可以悠闲地漫步，走累了就随便找个草地坐下，继续欣赏天空那些美丽的云朵，静静地体会一次诗人王维"行到水穷处，坐看云起时"的逍遥和洒脱。云聚云散就如同人生的缘起缘灭，没有征兆也不可避免。我们何不像云那么洒脱？该失去的时候，说明缘分尽了；该离开的时候，说明时候到了；看不到前方的时候，说明该转弯了。既然拿得起，就让自己放得卜吧。不要执着于名利虚荣的束缚，也不要迷恋着某些人某些事带给你的幸福，因为，越怕失去、越抓得紧，你的心就越用力。太过用力的结果是，你终于筋疲力尽，到头来还是不得不失去，甚至连自我恢复的能力也终将丧失。云卷云舒，时刻不停地变换着自己的美丽，而唯一不变的就是那颗从容淡定的心。我们需要的也正是这种宠辱不惊的气度。当我们终于有了云的那份胸怀时，也许就能够真正悟到"宠辱不惊，看庭前花开花落；去留无意，望天上云卷云舒"的美丽。

# 78

## 以爱为名，冒一次险也值得

在面对爱情的时候，唯唯诺诺、瞻前顾后可能就会让自己错失一次机会、一个喜欢的人。而勇敢追求爱的人，即使结果不如自己所愿，也不会让自己留下遗憾。

大部分人一听到"冒险"二字就已经开始幻想各种困难险境，那是一种赌徒般的行为，付出的和收获的极有可能不成正比，甚至损失惨重。于是，在还没想要开始尝试一下的时候，就已经断定自己一定逾越不了那些自己想象的困难与险境。为爱去冒一次险，在可能获得幸福的机会面前，给自己足够的信心和勇气去尝试一次，争取一次。即便最后这次冒险行动以失败告终，你至少也知道这就是结果，可以心安理得地接受了。不用再像根本连试都没试的人那样在日后的无数个日日夜夜懊悔地问自己："如果当初我尝试过，结果会不会不一样？"所以，请拿出你的勇气、信心和智慧，以爱的名义冒一次险，为自己的幸福争取一次，至少让自己的后悔次数少一点。

在朋友之间的聚会上，你邂逅了一个令你怦然心动的人，目光便难以再从对方身上移开。那为什么还要在他的目光不经意间与你相遇时，立刻转头离开，假装看不见？为什么还在犹犹豫豫，不敢去和他相识说话？这是一次可能获得幸福的机会，你怎么可以眼睁睁地看着它离开？鼓起勇气来，从从容容地走过去，拿出绅士的气度或者淑女的风范，告诉对方你希望和他成为朋友。也许你们从此就从陌生走向熟悉，走向双方努力的结果。就算聚会之后，你们依然形同陌路，至少你也尝试过了，没有遗憾，不要总把羞涩当作矜持，更多的时候幸福不会不请自来，大方一次，握紧属于自己的幸福。

爱的定义很广泛，不是只有红男绿女之间的两情相悦才叫爱。我们不是同样深爱着自己的亲人和朋友吗？你完全可以为对他们的爱冒一次险，只要是你爱的，冒险也是值得的。比如，父母好久没看见子女了，很想念他们。年迈的父亲母亲其实只有一个小小的要求，就是希望周末的时候，孩子能去陪陪他们，一起吃吃饭、聊聊天。如果这时偏偏遇到专制的上司要求加班，可能大部分人连头都不会抬一下，只是在心里抱怨几句之后，就老老实实地回去加班，无奈但又不以为意地再一次伤了父母的心。其实，你为什么不冒险去跟上司请一次假，难道工作真的比父母还要重要？可能你就成功了，也可能会挨骂、会被拒绝，但起码你对自己的内心有了一个交代。多抽点时间陪陪家人，毕竟在你人生的路上，他们把自己最好的关爱都献给了你。

请你以爱的名义冒一次险，为幸福勇敢地争取一次，让人生没有遗憾。张开自己的翅膀，去飞越那片沧海吧！

# 79

## 父爱如山，给自己的父亲写一封信

　　人们都说，父爱就像一座山，沉默、稳重，岿然不动。在现实中，我们会无法避免地被一些事情伤得体无完肤，有时候，我们就会选择逃避。但是，无论我们怎样逃离，也逃不出父爱这座大山。

　　在那首《常回家看看》的歌里，"妈妈准备了一些唠叨，爸爸张罗了一桌好饭"，妈妈的感情总是这样直接地表达出来，所以，孩子一般和母亲的交流要多些。然而，父爱就是这样无声却用行动在阐释，子女和父亲的交流就显得相对少些，所以，不管距离多近，子女都需要和父亲互通一次信，让孩子的心和父亲的心靠得更紧些。

　　和父亲互通一次信，要远胜过许多次面对面的交流。当面对面的时候，双方都会因为羞涩无法打开心扉，更重要的是，声音的时间性会催着我们说话，不然就会出现沉默。此时，用心去想出来的话，也是浮光掠影，无法真正表达内心深处的想法。然而，当我们拿出笔来，对着白纸思念父亲时，情绪经过筛选把最纯粹的部分书写在纸上，也方便对方抽出专门的时间仔细地去读信里想要表达的内容。

企鹅父子

在父亲和子女之间通信时，双方都不必斟酌怎样表达，把想说的话，需要说的事直接简单地说出来，至亲的人之间语言的交流上应该不存在隔阂，这样的交流不是为了彰显自己的文采，也不是为了显示自己的深度，这只是亲人间最普通的交流方式。

父亲可以唠唠家常，儿女可以谈谈理想，亲人之间在亲情的基础上又加了一层友情的色彩，即使不是无话不说的境界，也会使彼此的关系变得更加和谐。

给自己的父亲写一封信，谈谈工作也好，谈谈人生也好。你会发现，父亲的爱是那么深厚稳重，父亲就像一座山，给迷茫飘摇的我们那么沉实的安全感。

# 80

## 至少参加一次小学同学会

　　小学，实在是离我们很遥远的时光。你可以静坐下来，想想现在还联系的朋友，也许只有小学的同学是最少的。我们可能总将初中、高中的友谊看得更为重要，这所谓的"革命情谊"是在重压下，在烦恼不断的青春期特定时间段的惆怅、迷惘之中建立起来的，因为历经时间的考验和突破困境后的共同进步，所以有了更为持久的维系。每年或者每隔几年一回的初高中同学会，大多数人都会兴致勃勃地去见见老朋友。但在收到小学同学会通知的时候，很多人却总会一愣，然后权衡再三，婉言推脱。我们大多考虑的是：小学那些还尚未成熟的面孔，到如今，恐怕谁都不认识了。加上如今时隔那么多年，哪还能拿出过去的什么事来说笑呢？因此想到在人群中愣愣坐着不知所措，便立即下定决心要逃脱这尴尬场面。

可是在收到小学同学聚会的邀请后，不妨翻翻小学时候的同学录看上几眼，翻翻当年留下的几张旧照片回味回味。那些年你都在做什么呢？是迷恋玩具手枪，还是变形金刚？是喜欢玩洋娃娃，还是过家家？那些年，你跟哪几个小朋友比较要好，你们又做过些什么游戏？你也许会看到你们手里拿着的一张奖状，在镜头面前笑得灿烂无比，你会想，这孩提的时光，真是纯粹得美好如初。而现在呢？当照片里、记忆里的每一个小孩子都勇敢长大，上完初中、高中、大学，离开学校，当年那些稚嫩的面孔，如今都变成了什么模样？这些就会成为我们聚会的理由。

　　淡然地去参加一次小学同学会，看看每个身边的人，与当年印象里的脸重合一下，也许能够认出几个来。尤其是当年玩得好的，曾经坐过同桌的，画过"三八线"的，在他背上偷偷贴过好笑字条的，总是欺负你的……再看看如今的这些熟悉而又陌生的面孔，你也许才会明白什么是岁月沧桑、人生多变。成长的路途中，不同的际遇，划分开了每个人的人生。这变化是多么让人惊异啊。没有岁月的声音，却已然留下了岁月的影子，在每个人的脸上，也在每个人的心里。

# 81

## 不人云亦云，站出来唱唱反调

在生活和工作中，有创意、有成就的人，必定是思想独立的人，人云亦云是创意和灵感的绊脚石。每一个成大事者，每一个凡事走在别人前面的人，必定首先是个有主见的人。哥伦布之所以能发现新大陆，就是因为他始终相信自己的眼睛，用与众不同的第三只眼看世界，不为别人的三言两语所动摇。

每一个想成就一番事业的人，都应该用自己的眼睛看世界，用自己的语言表达内心感受，用自己的价值观判断是非，从而决定自己怎样生活、怎样做人。只有凡事自己去想，自己去设计，思想富有创造性，敢于尝试，才能走出一条具有自己风格的个性化道路，使自己具有与众不同的价值，也才能创造与众不同的成就。

现在想一想，你是不是经常不由自主地随大流，大多数人怎么说，即使你心里有其他的想法，也会追随大家的意见。不管你从前表现怎样，今天就试一试和大多数唱反调的感觉。当然这不是挑衅，是冲破阻力，发表并坚持自己的看法。所以，和大伙唱反调的前提是，你必须有不同于众人的新观点，并且你有充分的理由来证明你观点的可行性。

当你勇敢地站起来，就要理清自己的思路，保证自己吐字清晰；否则，心里想得再好，却无法通过口头表达出来，也是枉然，很快会被别人反驳掉。当然，既然勇敢地站起来了，就要把勇气坚持到底，千万不要被众人的气势吓倒，要相信，真理往往就是掌握在少数人手里，所以，要有自己就是那个"少数人"的自信。

当然，唱反调不等于强词夺理，真理往往是越辩越明的，在和大多数人辩论的过程中，也许你也会发现自己的论点有点站不住脚了，这个时候就要谦虚地表示服输。因为，始终要把握一点的就是，有主见不等于顽固执拗，唱反调的过程就是一个培养自己独立思想的过程。但这不是盲目地排他，而是在充分吸收他人的思想基础上，更好地完善自我的过程。

总之，世上的路有千万条，世上的人也有几十亿，每条路都有人在走，且可能都拥挤不堪，如果你能再开辟出一条路，也许这条路比其他路径离成功还要长，但只有你一个人走，它就会变成一条捷径。

# 82

## 选一个周末只吃水果，给身体排排毒

我们的身体就像一个容器，它需要承载我们为享口腹之欲而吃进的五谷杂粮，大鱼大肉，还要承受消极情绪带来的损害。因此它也时刻需要减负，需要适时排排毒。

随着生活环境的改变，我们每天呼吸了太多被污染的空气，接受了太多辐射，吃了太多加工过的防腐产品，承受了太多情绪上的压力，这些都是毒素的来源。

当身体内的毒素"超载"，我们很难做到靠自然的方式来排出毒素，甚至会让你出现找不到原因的头痛、体重大幅增加、便秘、口气难闻、脸上出现色斑、下腹部鼓胀、皮肤失去光泽、失眠、注意力不集中、无缘故地抑郁、生暗疮等问题。

给身体排毒，其实很简单，就是选择一天，最好是一个周末，别的什么都不吃，只吃水果。因为当我们断食的时候，身体会自动进行排毒，如果大肠堵塞，导致毒素无法被排出来，将造成自身中毒。因此，最有效、最安全的方法就是先让我们身体内的细胞进行解毒，当细胞内的毒素分解出来之后，再将这些毒素排出体外。

各种各样的水果

一天什么都不吃，可能会饥饿难耐，但要坚持，饿了就拿水果和开水充饥，你要想象体内的毒素正一点点地往外排出，体内变得越来越纯净，身体也似乎变得越来越轻盈，这种感觉是不是很美妙？这些可都是排毒的动力！坚持，坚持就是胜利。

# 83

## 默默帮助那些需要你帮助的人

送人玫瑰，手有余香。一点点付出，你同样可以感受到内心的满足。你可以沿街行走，搀扶一位蹒跚的老人过马路，送一个迷路的孩子回家，捡起地上的一些丢弃的瓶瓶罐罐，给问路的陌生人指路。看到乞讨的人，可以给他们一点钱，在邮局里，你可以帮一位不识字的老太太写好信封、粘好邮票，寄给她牵挂的游子。你也可以帮忙修剪伸出铁栅栏的枝叶，也可以赠给不幸的流浪汉一朵微笑的花。或者，你还能偷偷地，在下雪的早晨扫完邻居门前的雪；在下雨的时候，给困在办公室的朋友送把雨伞。

你尽可以悄悄地做这些事情，不用别人的道谢，你的心情也必定晴空万里。这做起来很容易，你可以在走路的时候，放慢脚步，多看看周围的人；散步的时候，拿个袋子，顺便弯弯腰，把路上的垃圾清除完毕。起床出门，给不开心的人打个电话说一声早安；下班回家，给失眠的朋友发个简讯，例如"睡前一小时要喝一杯牛奶哦"。当你微笑的时候，真心希望全世界都一起微笑，这样你的笑容就会有打动人心的力量了。

其实我们每个人，每天都可以去做一些微小的事。当你把你的好运带给他人，那该是多么令人高兴的事情啊。被帮助的人，也会感激于你的慷慨付出，对你充满善意地微笑。这微笑，就是最珍贵的收藏了。某天心血来潮，想想365天，你能收到多少微笑，大概会觉得心里满是甜蜜和满足吧。

祈祷

# 84

## 扔一个漂流瓶，传达自己的心愿和问候

漂流瓶的传说来源于美丽的希腊。相传把装有自己愿望的瓶子扔到海里，看到的人越多，自己的愿望就越有可能成真。其实，漂流瓶不仅承载着人们的梦想，还寄托着人们的爱、思念和祝福。

1963年，当年仅10岁的苏格兰小女孩安妮·瑞维特把一个漂流瓶丢进英吉利海峡的时候，她那期待奇迹的心里绽放着最绮丽的幽思。瓶里的纸条上写着这样一句话："谁捡到这个瓶子，看到瓶中的字条后，请将它寄给安妮·瑞维特。"并且附上了她在苏格兰爱丁堡的地址。瓶子最终漂流到了荷兰的诺德惠克海滩，被一个和安妮一般年纪的小男孩捡到，这个男孩名叫尼尔斯·艾尔费斯。从此以后，他们就开始了这段由漂流瓶开启的浪漫情缘。安妮和尼尔斯一直保持着联系，每年圣诞

节，尼尔斯都会寄给安妮礼物，有贺卡、尼尔斯自己画的画、照片等等。他们的感情与日俱增，终于在安妮25岁时走进了婚姻的神圣殿堂。这么多年过去了，他们依然深爱着对方。

希腊人相信漂流瓶能带给人们希望，而中国自古也有关于这方面的记载。所以不去管这是哪个国家或者部落的习俗，它的意境的确是美丽的。而你也可以写下这样一张简单的字条，把它装进漂流瓶里投进大海。也许是对远方爱人的牵挂，希望他早日回到你身边；也许是对未来爱情的期许，渴望能在冥冥之中的安排下找到生命中的另一半。当然除了爱情，你的瓶中信还可以承载亲情、友情以及一切人类美好的感情。当身边有人生病了，你无法替他承受疼痛，却可以在漂流瓶里写下你的祈祷，祝愿他尽快康复；当你和朋友吵架了，你也可以把你的道歉装进瓶子里，倾诉你是多么在乎朋友之间的情谊；你非常爱你的父母，希望他们能够享受到一个健康喜乐的晚年，那也可以把这份孝顺装进瓶子里；世界上有那么多遭遇苦难的人们，有因为战争而流离失所的难民，也有因为父母的遗弃而失去家庭的孤儿，由于能力有限，你可能无法为他们做更多的事情，那就把你的祝福与祈祷放入大海，那里能够承载人们无限的爱。

送走一只漂流瓶吧，承载着你的愿望和祝福。不管它是否能让人看到，这份爱都会随着大海漂流，永不消失。

漂流瓶

# 85

## 徜徉在美丽的"白日梦"里

作为这个社会的一员，我们总是有很多应该去做的事情和必须去承担的责任，比如努力工作、孝顺父母等等。有时候你是不是也会觉得自己很累，有些喘不过气来？如果有一天，我们仍然会为了梦想坚持不懈地努力奋斗，却不再强求它的实现，生活是不是会变得轻松一点？不如尝试做一个美丽的"白日梦"，梦里没有非要实现梦想的压力。这个梦将变得如羽毛般轻盈，带着你一起飞离地球表面，远离现实的烦闷与苦痛，这是一个飞翔的美梦。

你的白日梦也许是关于爱情的。那个梦寐以求的王子或者公主终于在某天与你浪漫邂逅，从此开始了一段童话般美好的爱情故事。你可以想象和恋人在雨后浪漫地散步，可以想象在一起愉快地吃饭，还可以想象你们共同走过风风雨雨后仍然幸福地生活在一起，直到慢慢变老。

这个白日梦也可以是关于亲情的。你幻想着自己已经结婚生子，然后带着伴侣和孩子兴高采烈地去看望父母。一家人围在一起吃饭，父母一边忙着给你们夹菜，一边又迫不及待地想去逗逗可爱的孙子，好一副其乐融融的画面。这个梦想即便只是白日梦，也能够弥补你难以陪在父母身边的遗憾。

它也可以是关于岁月的白日梦。电影《岁月神偷》里有这样一句台词："在幻变的生命里，岁月原是最大的小偷。"可是，岁月虽然能够偷走我们的青春，却偷不走我们对过去的追忆和对未来的向往。你可以再一次幻想你的童年时光，也可以憧憬将来的生活。

当然，这个白日梦更可以是天马行空的。你可以幻想自己像哈利·波特那样拥有神奇的魔法，也可以幻想自己拥有《暮光之城》里的吸血鬼那般风驰电掣的速度，还可以想象自己拥有预知未来、改变命运的法力。既然这只是一个白日梦，那么梦里就应该没有"不可能"这三个字。在如此疯狂的梦境中，你一定能够感受到彻底的放松和随心所欲的痛快。

不要觉得做白日梦就是浪费时间，偶尔做做白日梦不同于沉溺在幻想里。幻想是只知道幻想而不知道采取实际行动，用迷梦来麻醉自己。而白日梦则是认清现实后的自我解嘲，是精神上的暂时放松，是可以缓解压力、激发动力的。被誉为"20世纪最伟大的科学家"的爱因斯坦，在研究时空理论时，他就幻想自己乘坐着月光在星际之间自由自在地遨游。这时的白日梦变成了解开科学之谜的钥匙。丰富的想象力还可以帮助我们保持良好的记忆力。也许，年龄的老化并不是人生最大的无奈，想象力的衰退才是我们最大的悲哀，因为失去了做白日梦的能力，生活也就缺少了很多梦幻般的绮丽色彩。别让忙碌的生活麻木了我们的神经，给自己一个美丽的"白日梦"吧。

# 86
## 给未来的孩子写一封信，把爱提前邮寄

在父母的眼中，自己的孩子是最漂亮，也是最可爱的。你的人生中，终会为那么一个人的到来而惊喜、而激动，听着他响亮的像是在宣告自己来到世上的第一声啼哭，你的眼里一定充满着无限的关爱与柔情；你心疼他的第一次跌倒，可是心里清楚地知道，疼痛是学会依靠自己的力量行走奔跑而必须付出的代价；你永远记得他的第一声爸爸或者妈妈，他好似天使的笑脸在你有些湿润的眼眸里，是如此的动人。

长大后，你会望着他第一次独自一人上学的背影，你总是会在他的背后默默"注视"着，如果是个男孩子，你会教给他勇敢，会告诉他真的男人除了聪明有能力，还应该情深义重；你会记得他的第一张奖状，并记得当时自己看到那张奖状时的喜悦和得意；记得送他去上大学的那个飞机场，你所有的不舍和嘱

托都化成了一个坚定的眼神，告诉他做父母的不舍和骄傲。

你要告诉孩子的是你对他们的期望，还有你成长的经历，比如你曾做过什么错误的决定，让他不至于将来犯同样的错误。你要教导孩子如果将来谈了感情，要好好认真对待彼此，但是如若有一天，感情已不再像从前那样，就洒脱一点放开手，因为有人的地方一定会有变动，这是很自然的事情，要坦然接受和面对。

挑一个夜深人静的晚上，或者午睡后阳光明媚的下午，写下你最想告诉孩子的话。

致我爱

你可以告诉你的孩子，你们的第一次邂逅：那是在大学校园里的一个晚霞满天的黄昏，妈妈抱着书从图书馆里出来，一个阳光帅气的男孩儿大步流星地迎面走来。目光不期而遇，一瞬间妈妈的脸上开出了一朵比天上的彩霞还灿烂的花儿。

你可以告诉孩子为了建立这个只属于你们的小窝，你是多么努力地工作。奋斗的道路上，有明枪暗箭，也有天灾人祸，但是不要怨天尤人，更不能自暴自弃，尽力争取了就是成功的。

你可以告诉你未来的孩子，你永远爱他，即使岁月永远将爸爸妈妈带走，那份爱早已融入了宝贝的生命，每一分每一秒的生命。

你可以告诉孩子你们的过去……也可以告诉你的孩子你们对他的期待……写下来之后，你才发现，原来你可以告诉他的东西有很多。

可能不知不觉中，你已经给未来的孩子写了好多封信，那你想让他什么时候收到，是孩子18岁成年的时候，还是他也将为人父为人母的时候，抑或是你不得不割舍下对他的爱永远离开的时候，甚至是在你离开这个世界好多年后的某一天？

现在开始流行所谓的"慢递"了，你正好可以把信存在慢递公司，让他们在指定的时间把信送到你的孩子手里。可以是几个星期以后，也可以是几年、十几年甚至几十年以后，或者就定在孩子18岁时，算是给他的成人礼平添些许诗意，让孩子知道你此时此刻的心情。就像存款或者投资一样，把对孩子的忠告或者想说的话，封存一段时间，等到他是时候了解时，邮寄到他手里，告诉孩子你有多么爱他，从多少年前的那一天开始直到今天。

把你想对他说的话，想让他明白的道理，以及对他的爱，都写进这封信里吧。

# 87
## 用心为父母做一个蛋糕

在心情低落沉郁的时候，甜点是一种让人顿时愉悦起来的食物。做一个好蛋糕要求蛋糕师的心要细、手要巧，所以许多年轻人会为恋人亲手做一个蛋糕表达爱意。这似乎也成为一种"卓有成效"的求爱方式。

高端的蛋糕师在传授所谓"秘方"的时候，往往会告诉求学之人：用心去做。这建议看似平淡无奇毫无帮助，却是烘焙蛋糕的最高境界。甜腻的奶油，精致的模具，必须一步一步全心全意地去做，才能做出好看好闻、味道细腻的蛋糕。所以才会有用以表达爱意之功用。

你不如也去尝试一次，买些用具和作料，上网找点教程，为父母烘焙一个蛋糕。仔细地涂上奶油，做些小装饰，写上感谢父母的话，当他们看到的时候，一定是不小的惊喜。

最温柔的用心不一定只给恋人，最体贴的安慰不一定只给朋友，不要忘记了，在你的一生中，亲情的位置永远都是高于一切的。你有一个家，有等候你回家吃顿饭的父母，有每天关切地唠叨你注意身体的电话。当你与朋友尽兴，与恋人甜蜜的时候，他们还在等着你们早点回家；当你们绞尽脑汁为朋友挑选生日礼物，为恋人制造惊喜的时候，他们还在等着你们打个电话回家问候一声。

　　如果你还记得他们，如果你爱他们，就用比对朋友、恋人多一百分的认真，为他们做一些事情，让他们高兴。回过头想一想，我们每天欣然吃着父母做的饭菜，根本不会想到他们绞尽脑汁地去迎合我们的口味，多年来，我们也不过是他们眼中的孩子，却忘记了随着年龄的增长，孩子已是大人，而父母也成了老人，需要我们更多的关心。

美味蛋糕

在烘焙蛋糕的时候，想想你的父母为你做菜时的心情，想想他们每天给你打电话喊你早点回家时的用心，然后用同样的爱去回报他们。不需要太多的雕饰，也不需要过多的甜腻，只需要那一步一步、亲手做成的蛋糕就够了。然后放到桌上，给他们切开，像他们每天急着给你盛饭一样，送到他们面前。

这时候，你不用过多地表达，父母欣慰的表情和衷心的夸奖，就是对你的最高奖赏。